理解

·

现实

·

困惑

缓度
PSYCHOLOGY

积极心理教练
评估、活动与策略

PRACTICING POSITIVE
PSYCHOLOGY COACHING
ASSESSMENT, ACTIVITIES,
AND STRATEGIES FOR SUCCESS

[美] 罗伯特·比斯瓦斯-迪纳 / 著
Robert Biswas-Diener

张宇 / 译

中国纺织出版社有限公司

致谢

　　我要感谢编辑马奎塔·弗莱明（Marquita Flemming），感谢其友好的话语和指导；同时，也要感谢约翰·威利父子公司（John Wiley & Sons）的所有人，他们的帮助让这本书成为可能。我还要感谢诸多积极心理学家，他们帮助我了解了有关教练的想法，以及那些提供反馈的人，包括亚历克斯·林利（Alex Linley）、阿曼达·利维（Amanda Levy）、里纳·戈文吉（Reena Govindji）、理查德·博亚茨（Richard Boyatzis）、桑尼·卡里尔（Sunny Karir）、托德·卡什丹（Todd Kashdan）和许多其他人。谢谢大家。最后，我要向我的妻子和孩子们表示最深切的感谢，他们以多种方式对这个项目给予了支持。

目 录
CONTENTS

POSITIVE
PSYCHOLOGY
COACHING

第一章　教育赋能：应用积极心理教练入门

2007 年，一件非同寻常的事情发生在了我身上：我出版了自己的第一本书《积极心理教练》（*Positive Psychology Coaching*）。这是个决定性的时刻，就像我获得博士学位或我的孩子出生那样。我手里拿着的这本书——看得见摸得到的书——代表着一项巨大成就，标志着我人生的转折点。我们都知道史蒂文·科维（Steven Covey）的时间矩阵（time matrix）：人们可能会继续推迟那些重要但并不紧迫的任务。很幸运，我没有掉进这个陷阱。有人把写书作为终身梦想，而我就是其中的一员，并且幸运地让梦想成为现实。这本书是我与合著者本·迪恩（Ben Dean）花费一年时间写成的，其间我们打了无数个小时的电话，进行了采访、研究文献评论，甚至是几次国际旅行。当最后期限迫在眉睫，各种情绪压力也随之而来，但所有孤独写作的艰苦时光都得到了回报。我很难描述自己心里的感受，轻松、成就、自豪和疲劳，一时间五味杂陈。我终于成了一名作家。我在英国举办了一次小型图书发布会，偶尔也会收到来自印度和澳大利亚等地陌生人的感谢信，并受邀进行演讲或教练示范。我这颗星星似乎正在升起。

随后发生了一件有趣的事。这本书出版几个月后，本和我在亚马逊（Amazon）上收到了一条的严厉尖刻的评论。评论者洋洋洒洒地写了 1 200 字，篇幅相当于一篇杂志短文，他显然不喜欢这本书。他把本和我称为"没有写作技能的学者"，并一度说，"这本书在各方面都十分糟糕，很难知道从哪里开始读"。这篇评论内容尖刻，说这本书的内容是"肤浅的重复"，还说："我不知道哪一个让我更痛苦：是他们居高临下的态度，还是他们欣喜于自己说的话大有裨益。"评论者在最后列出了除《积极心理教练》这本书之外，人们应该阅读的书籍清单。同样，在阅读这篇评论时，我也很难描述自己内心那种无法压抑的情绪。我一下子崩溃了。这本书非常重要，因为它代表了我为之付出的一年时光。也正因为我觉得这尤为值得，所以我选择全身心投入其中。这一瞬间，我想起每次都告诉儿子的话："很抱歉，我现在不能和你一起玩，爸爸正在写书。"如果我放弃写作，将更多的时间留给家庭，情况是不是就会稍好一些？一本毫无用处的书，让我浪费了一年时间，在此期间，我还错过了什么机会？自我开始写书以来，我就一直在怀疑自己的决定是否明智，怀疑自己写的书是否真的值得一读。

正如你所料，接下来就是我的一段抑郁期。我碰壁了。我不再继续研究项目，也不再写杂志文章。每次教练会谈中，我都会怀疑自己的能力。我总在怀疑，自己是否真的是别人的笑柄而不自知。不仅是我受到影响，书评出现在网上后，图书的销量也急剧下降。亚马逊上有几十个人留言说，这篇评论对他们很有帮助，甚至还有人花时间来发表评论："省去了我读这本书的时间。"我想，我到底是什么样的人，会让人们不愿浪费时间在我和我最大的努力上。即使在今天，我仍然觉得把这些事写出来十分痛苦。

幸运的是，抑郁期没有持续太久。经过几周的挣扎，我慢慢恢复过来。我开始意识到，除严厉的批评、强烈的意见和语调的使用以外，评论者的观点在很多方面都是正确的。事实上，我应该在这里公开说明，我对评论者并无恶意。这可能会让你感到惊讶，但自他的评论发布以来，我们已经进行了一些友好的电子邮件沟通。他为评论的语气道歉了，说这篇评论主要是为了效果而写，但经过深思熟虑，他觉得这样缺乏尊重。我接受了他的道歉，相信这是他发自内心的回应。但尽管如此，我必须承认，这位评论者也提出了一些合理的观点，并阐明了我作为作家的样子和诸多读者期待的样子，这两者之间的差异。我本以为，作为一名积极心理学专家，我可以向教练介绍积极心理学这门迷人的新科学。我还以为读者只想了解信息，并以独有的方式创建适合自己教练实践的干预措施。正如我后来了解到的那样，这些想法有些离谱。从那时起，我从与教练的沟通中发现，大多数人更想要现成的干预措施，并且主要感兴趣于"下一步""实用技能"或"应用"方面的研究结果，也就是说，作为一名学者，我一直对各种想法感到兴奋，我意识到教练们通常对行动感到兴奋，但这为时已晚。

评论者想要的东西——我认为他想要的东西是正确的——是切实可行的下一步的做法：将研究转化为可行性问题、评估和干预措施，供接受教练的客户使用。他的评论表明他对我在《积极心理教练》上所做的工作非常失望。我讨论过很多研究，但很少提到这些令人兴奋的研究结果与教练之间的关系。作为一名专家，我未能承担领导责任，也未能提供巧妙的方法，将积极心理学的"稻草"变成教练的"黄金"。就我自己而言，我认为，自己最初的任务仅仅是教育读者了解积极心理学，这就足够了。有趣的是，改变我想法的，并不是严厉的评论——尽管它确实发出了一个危险信号，表明我需要改变自己的想法。真正让我改变主意的是与教练一起举办研讨会这件事。我开始面对冰岛、土耳其、加拿大和丹麦等地的教练，他们想要的东西和那位评论者一样：他们想要工具，而非概念或想法。在许多研讨会上，我的态度从想要教育人，转变为想要激励人、想要给人赋能。这也是批评者评论的核心：寻求赋能。

我想提前明确一下这本书的目标。我并非在为之前的书道歉——事实上，我觉得也没什么可道歉的。对此，我尤为自豪。我写这本书也不是为了弥补第一本书的失败。最后，我写这本书也不是为了反驳之前的批评者。相反，我想写一本代表自己个人成长的书。第一本书的目标是教育人们了解积极心理学这一新兴科学，而这本书的目标是在该科学的基础上展示一系列有用的工具。正如本书标题暗示的那样，我对教练环境下评估和应用积极心理学策略很感兴趣。从某种程度上来说，如果读者能够带着新的想法读完这本书，并在自己的教练活动中立马付诸实践，那么这将是一次成功的尝试。

为什么读这本书？

这个问题听起来可能有些不同寻常，但我希望你们可以停下来思考一下，为什么要读这本书？你是希望学习一些以前不知道的积极心理学知识吗？你是希望从这次经历中获得与客户一起使用的实际工具吗？你是希望通过接受新的取向，为现有的教练实践注入新的活力吗？你是希望这本书能提供一种教练教育吗？你阅读这本书的原因尤为重要，因为这会让你对该书的内容及其作用有所期待。

　　这可能会帮助你思考我曾写的两本教练书——这一本书和之前写的《积极心理教练：利用幸福科学来为你的客户服务》(*Positive Psychology Coaching: Putting the Science of Happiness to Work for Your Clients*)——就像我所做的那样：将内容分成两部分，一本书旨在铺垫科学基础，而另一本书则旨在以实际方式在此基础上进行扩展。我将该过程称为"教育赋能"(education to empowerment)，这与我在国际工作环境中使用的方法相同。我将知识（教育）作为引导，向参与者介绍了新想法，比如，发展优势可能比克服劣势更能获得成功。由此我获得灵感，并向人们表明，知识可以通过令人兴奋的方式来提升个人的表现。举一个优势方面的例子，我通过极少的信息，准确发现了陌生人的优势，这就展示了我自己的能力。事实上，我发现自己的优势并非来自天赋，而是无数小时努力练习的结果。即便如此，我的研讨会的参与者仍然觉得，看到有人精通某项技能是件鼓舞人心的事。

　　心理学家对激励(inspiration)非常了解，我们有时也将其称为"提升"(elevation)。提升是一种情绪反应，这与敬畏他人的表现有关。这种情感投入正是"教育"所缺少的，也是我的批评者的抱怨所在。然而，让人们进入一个提升状态，会让其作好行动的准备。由此，我试图从关注激励转向关注赋能(empowerment)。但是，认为某件事存在可能性，与认为自己能够将其实现，这两者之间，有着微妙却关键的区别。例如，我们在观看奥运会运动员比赛时，会震惊于他们的表现，但不会认为自己也能达到同样水平。研讨、教练甚至是写书的诀窍在于，向人展示什么是可能的，并让他们意识到，自己有足够的个人资源，可以在生活中实现这种改变。再回归到优势的例子，我向研讨会参与者表明，即使是在面对陌生人时，他们也有能力轻松发现对方的行为优势。

"教育赋能"模式

教育： 发展优势可能比克服劣势更能获得成功。

激励： 展示运用极少信息准确发现陌生人优势的能力。

赋能： 我向研讨会参与者表明，即使是在面对陌生人时，他们也有能力轻松发现对方的行为优势。

"教育与赋能统一体"举例

1. 教育 ·········▶ 2. 激励 ·········▶ 3. 赋能

"发现优势   "发现优势   "你自己可以

是项有用的技能"   是有可能的"   试着发现优势"

本书的两个问题

在教练杂志《选择》（*Choice*）上，我写了一篇关于教练和积极心理学关系的文章。对于外行来说，积极心理学是心理学领域内的一个较新的运动，有20多年的历史。积极心理学强调的是，科学地研究人们正确而非错误的做法，这包括研究希望、幸福、力量、韧性、勇气以及人类功能和繁荣的其他积极方面。平心而论，积极心理学的发展在很大程度上要归功于诸多知识先驱，这包括古希腊思想家、人文主义运动者甚至宗教研究者。并非由积极心理学家最先提出这一观点，即人们处于最佳状态或讨论如何实现自己最大潜能时，会产生巨大吸引力。然而，积极心理学家的确掌握着最为复杂的实证方法，可用来研究这些话题。通过运用合适的科学方法，如代表性样本、先进的分析技术和控制变量的实验室研究，积极心理学家能够得出超出信仰、直觉、推理和逻辑范围的见解。认识到积极心理学和教练是天生伙伴，无须太长时间。这两种职业主要是为了帮助个人和团体能够有更好的表现，过上更满意的生活。

积极心理学简述

- 积极心理学关注的是人们的正确行为、处于最佳状态的时间，以及个人和群体的蓬勃发展。

- 积极心理学并非一味地忽视消极、关注积极。积极心理学家认为，消极情绪、失败、麻烦和其他不如意的事，在生活中都是自然而重要的。

- 积极心理学首先是一门科学。因此，它主要与证据、测量和测试有关。也就是说，积极心理学也是一门应用科学，人们普遍认为，研究结果会带来可应用于现实世界的干预措施，从而改善学校、企业、政府以及个人和社会生活的诸多方面。

- 积极心理学家的干预措施大体上都是积极干预。积极干预是一种与人合作的方式，其重点不是减轻疼痛或帮人从劣势功能恢复到正常功能，而是促进人的优势功能。积极心理学家经常从帮助客户将状态从"+3"调整到"+5"的角度来谈论这一点。

对许多人来说，教练能成为积极心理学应用分支，是一个自然而然的选择。事实上，许多对积极心理学感兴趣并接受过相关教育的人，都会进行教练实践。尽管积极心理学本身是一门应用科学，但迄今为止，还没有连贯一致的方法能够提供积极心理学服务。有些人，比如我在应用积极心理学中心（Centre for Applied Positive Psychology，CAPP）的同事，可以将优势科学作为自己组织咨询工作的核心。还有一些人，将积极心理学原则融入了自己的心理治疗实践中。此外，还有很多人把教练当作一种手段，从而将积极心理学付诸实践。

积极心理学能为教练做些什么？

这就引出了构成本书基础的首个最重要也是最明显的问题：积极心理学能为教练做些什么？积极心理学作为一门科学，易于为教练行业提供信息，并帮助提升实践的标准和工具。事实上，积极心理学提供了诸多实证有效的干预措施，这可能会引起教练的兴趣，并方便他们对其加以利用。例如，芝加哥大学（University of Chicago）研究员弗雷德·布莱恩特（Fred Bryant）研究了纪念品的"积极回忆"（positively reminisce，也就是说，品味过去）所带来的情感后果。这对教练产生了不同的实际影响。试想一下，如果能够与组织领导、团队、夫妻或个人进行积极回忆，那么在家里或工作中就能寻求更多的意义和幸福。这只是教练技巧愿景的一个简单变化，却是在着眼于过去而非未来。积极心理学带来许多这类干预措施，这些干预措施组合在一起，就构成了科学工具箱的主体，教练可以将其应用于现有实践中。积极心理学也带来了新的见解，但这些见解却常常与直觉相悖。单单只需考虑以下几点：研究表明，人们通常无法预测自己能否很好适应未来的情况；实际上，满意度越高，表现却可能会越差；对未来的幻想也会削弱动机；与管理弱势相比，管理优势可以带来更好的工作表现（别担心，稍后我会对所有这些问题进行讨论）。这些见解可以帮助教练利用新的想法、欣赏的态度和工作方式来处理客户通常会遇到的困境。积极心理学也为教练提供了新的评估方法。现在已经有调查研究充分探究了优势、乐观主义、生活满意度、工作方式和许多其他与教练直接相关的主题。

综上所述，建立在积极心理学之上的特定干预工具和评估方式，构成了积极心理教练的主体。有趣的是，积极心理教练作为一种不同于其他教练方法的尝试，其定义仍十分模糊。究竟谁应该合理地称自己为积极心理教练？这在目前尚不清楚。是否应该有一些正式的认证程序，来证明这些教练掌握了积极心理学和教练的技能？积极心理教练是否应该被视为额外的高级教练培训，就像精神科住院医师要接受医学院基础课程之外的特殊培训一样？大多数有教练经验的读者都会熟悉这些不确定性是如何反映整个教练领域的发展的。在早期，一些勇敢、有远见的开创者致力于激励他人，并帮其实现目标。然而，将一系列松散的激励训练转变成连贯的专职行业还需要时间。国际教练联盟（International Coach Federation，ICF）等专业组织机构，在制定培训、实践和道德行为的一致标准方面发挥了极大作用。许多研究员，诸如安东尼·格兰特（Anthony Grant）和他在悉尼大学（University of Sydney）

教练心理学系的同事们，在证实教练干预措施的正确性和有效性方面发挥了重要作用。独立的教练培训学校和基于大学的项目，在利用有效实践来平衡市场需求以创建职业方面起到了至关重要的作用。

我强烈建议，积极心理教练应该受到同等的重视。说实话，我所关心的是，有多少人会挂起招牌，把自己推销为"积极心理教练"，但是其掌握的标准教练技巧和积极心理学科学知识却十分有限。在某种程度上，这是一个涉及整个职业的问题，作为一名积极心理学的实践者，我对其尤为关注。我关注的焦点在于，积极心理学是一门科学，因此，它既是技术性的，也是动态的。积极心理学的主题，比如幸福，虽然乍一看似乎直截了当，但是对它们的科学探索却远非这么简单。对积极心理学技术的理解，包括能够批判性阅读研究文献、有效利用相关评估以及在该领域范围内创建干预措施，这些都是成为一名高效积极心理教练的重要技能。

同样令人不安的是，积极心理学作为一门科学，也在不断发生变化。我给大家举个例子：2002年，我和一位合著者发表了一篇文章，这篇文章经常为人们所引用，它综述了有关收入与幸福感的现有研究文献。在我们报告的结论中，有一种观点认为，随着时间的推移，尽管收入增加，但国民幸福感仍保持在同一个水平。例如，几十年来美国家庭收入大幅增长，但平均幸福水平似乎保持不变。这不禁让人怀疑，国民财富、消费和基础设施的增加是否就意味着生活质量的提高。这一称为"伊斯特林悖论"（Easterlin Paradox）的发现尤为重要，它是由加州大学洛杉矶分校（UCLA）的经济学家首次提出的。例如，该发现可以帮助决策者制定法律和计划，以平衡事关公民福祉的经济问题。但问题在于，这一发现可能并不真实。自 2002 年以来，许多科学家——经济学家、社会学家以及心理学家，都发表文章（基于数据和复杂缜密的分析），驳斥了伊斯特林悖论。事实证明，金钱和幸福之间的故事可能要更复杂一些。可能某些国家存在伊斯特林悖论，而其他国家则不存在。如果是这样的话，那么下一个合乎逻辑的步骤就是确定带来或远离这种幸福扁平化效应的因素。还有一种解释可能是，伊斯特林悖论在一定程度上取决于一个人对什么类型的幸福感兴趣。伊斯特林悖论可能适用于幸福感，但不适用于对幸福的认知评估，如对生活满意度的判断。随着研究调查越来越多，故事也将继续展开。是我和合著者误传了吗？不，我们的报告结论基于当时最佳的可用数据。但随着新研究的推进，我们得出的结论也势必会发生改变。本着这种动态精神，必须要有机制来要求那些自称积极心理教练的人定期更新自己在该领域的知识。

与积极心理教练专业化有关的建议

接下来列出了 6 个核心领域，我认为这些领域对于积极心理学及教练的分支——积极心理教练专业化至关重要。此外，我还就每个核心领域都提出了具体建议：

1. 认证 正如国际教练联盟制定了培训、认证教练的标准一样，我认为那些打着"积极心理教练"专业标签的人，也应该接受正规的积极心理学培训。目前，该培训的类型或持续时间都没有固定的标准，我不认为自己的观点会是这个话题的唯一一种发声。虽然获得博士学位是一种较为明显的认证方式，但除此之外还有各种其他类型的培训项目。在这里，我建议为每种认证方式都提供多种类型的程序和互联网信息（截至本书撰写之时的当前版本）。

（1）积极心理学硕士学位项目：这些项目的优势——据我所知，世界上只有两个项目——在于得到了公认大学的支持，因此具有大学教育的深度和严谨性。这两个项目包括：

A. 东伦敦大学（University of East London），应用积极心理学硕士学位。

B. 宾夕法尼亚大学（University of Pennsylvania），应用积极心理学硕士学位。

（2）积极心理学认证教练计划：有许多教练项目专门承诺在积极心理学研究、评估和干预方面进行教育。我在这里列出了此类项目的 3 种不同类型。

A. 旧金山州立大学（San Francisco State University），延伸学习学院，核心优势教练。

B. 导师教练，强调积极心理学的 ICF 认证培训。

C. 特丽·莱文（Terri Levine）积极心理教练项目（为了充分披露利益，需要说明这一包含 8 个单元的证书课程是由我设计的）。

2. 与积极心理学发展同步 如上文所述，积极心理学的知识基础在不断发生变化。那些自称为积极心理教练的人必须要及时了解该领域的最新发展，并以严格而连贯的方式做到这一点，这至关重要。阅读一本书，比如这本书，就是一种知识更新的方式，甚至这些书里提到的研究和干预措施也需要进一步更新。现在网络上有许多关于积极心理学的在线讨论组和博客，但我并不认为这是恰当的信息来源，因为这既不是主要来源，也不一定能反映该领域的专业观点。相反，我强烈建议人们订阅发表积极心理学研究的学术期刊，参加公认专家开展的技能培训，并加入官方积极心理学专业团体。我在下面列出了每一项的简要清单：

（1）期刊：期刊较多，包括发表积极心理学研究的教练期刊。但是，专门研究积极心理学的期刊则相对较少。

A.《幸福研究期刊》（*The Journal of Happiness Studies*）。

B.《积极心理学期刊》（*The Journal of Positive Psychology*）。

C.《英国心理学会特别教练小组》（*The British Psychological Society Special Group in Coaching*）。

（2）培训：有许多高质量的积极心理学应用和评估培训特别适用于教练。下面的例子旨在强调说明积极心理学培训，并不代表包含所有培训。

A. Realise 2 专业人员计划（英国应用积极心理学中心，CAPP）。这项课程为期两天，向广泛的从业者介绍了优势科学、广受好评的优势评估，以及将优势作为工作重点的策略。

B. 优势培训（美国行动价值研究所，Values in Action Institute，VIA）。由迈耶森（Mayerson）基金会资助的 VIA 性格研究所是性格优势研究方面的佼佼者，该机构偶尔会进行与 VIA 优势评估工具和其他积极心理学主题相关的培训。

C. 韧性训练（澳大利亚幸福研究所，The Happiness Institute）。在蒂姆·夏普（Tim Sharp）博士的领导下，幸福研究所提供了诸多积极心理学课程和培训。

3. 注意个人优势表现　对教练来说，他们能明显关注到客户的个人优势。事实上，经验丰富的教练已经习惯于密切关注潜在的客户资源，包括能力、技能、才能和其他积极的个人特征。正是因为积极心理学支柱和久经考验的教练策略的完美契合，我才会相信，这应该是任何正规积极心理教练的核心部分。我支持用具体方法来识别和标记优势，而非模糊地寻找客户擅长的东西。要注意客户参与时的视觉、听觉提示，例如他们的姿势、音调变化和手势。同样重要的是，要开始建立优势词汇表，这样当你看到积极品质时，就可以进行标注，并用一种双方都理解的语言将其传达给你的客户。

4. 利用既定的积极心理学评估　积极心理学的最佳之处之一就是它是一门科学。这就意味着它与测量密切相关。正因如此，教练可以获益于涉及乐观、自尊、动机和生活意义等心理现象的既有积极心理学评估。通过采用完善的测量方法，衡量教练感兴趣的话题，你可以对结果抱有信心，也可以将客户回答与对照组进行对比。教练可以利用积极心理学家在统计学和测试结构方面的卓越知识，来更好地进行调查。

要想了解测试的复杂程度，我们只需考虑生活满意度测量工具的发展过程，应用最为广泛的工具是由埃德·迪纳（Ed Diener）及其同事创建的生活满意度量表（Satisfaction with Life Scale）。在 20 世纪 80 年代初，他们开始有了一个简单的想法，即希望能够可靠地测量生活满意度。最简单的方法就是问人们一个问题："你对自己的生活有多满意？"然后要求对方给出数值式的答案。单项目量表的问题在于，人们对所谓的"错误答案"十分敏感。这就意味着，不同的人可能会以独特方式对该项目加以解释，或者他们的回答可能会受到某些偶然的环境因素的影响。有种改进后的策略是提出多个问题，以试图评估同一概念。因此，在这种情况下，我可能会问对方在生活中觉得自己在多大程度上得到了想要的东西，在多大程度上觉得自己正在朝着目标前进，在多大程度上会感到后悔，以及在多大程度上总体感到满意，而不是简单地问对方对自己的生活有多满意。综上所述，这些项目可能会减少误差，并产生一个更可靠的总体满意度得分。迪纳及其同事测试了数百个项目，并对其进行了统计检验，随后他们得出了 5 个最有希望的项目。研究人员将新项目与包括非自我报告指标在内的其他现有幸福感测量指标进行了对比。与一些教练随意制定测量项目相比，这是一种更为严格的方法，有时甚至需要花费数年时间才能确定正式项目。好消息在于，积极心理学对各种有趣变量的测量既自由又易于使用。

5. 与客户沟通你的方法　我最近接到一个潜在客户的电话，当时，她正在挑选合适自己的教练。她发现我的头衔与积极心理学有关，就很好奇这对我的练习方式来说到底意味着什么。她问了个很棒的问题："你的教练与其他人的有什么不同？"她的问题之所以重要，有两个原因：第一，它强调了将积极心理教练与其他教练形式区分开来的必要性；第二，它强调了对客户保持公开透明的重要性。作为一名教练，我长期以来一直重视的一点就是这种关系的开放性和自然性。当我被训练成一名治疗师时——这是一种崇高的追求——有人告诫我，不要披露太多个人信息，不要敞开心扉，让客户看到你的内心想法和过程，我常因此而沮丧。治疗师只是点头并说"嗯……"的漫画已经成为一个小笑话。教练的适用情境则不同。只有当教练和客户能够真诚团结在一起，在相互坦诚的基础上建立共同关系时，教练才会最为有效。我的客户可以判断我什么时候会对某个特定的解决方案感到兴奋，什么时候又毫无兴趣，有时我们也会讨论彼此的情绪反应。

我的潜在客户提出的另一个重要问题是，我的积极心理教练与其他形式的教练有何不同？这个问题很简单。积极心理学的科学和理论，明确指导了我的教练工作。这就意味着我会趋于寻找解决方案，而非探索障碍；要利用编纂好的词汇表来展示优势；要利用有经验支持的干预和评估；并且在与客户互动时，要特别关注积极情绪和消极情绪的作用。可以肯定的是，一些教练可能会做所有的这些事情，而许多教练则会做其中的某些事情，但仍有一些出发点是十分重要的。最为明显的，或许也是最主要的，就是我利用了大量第一手的研究专业知识。这意味着我的教练风格，就像作家谈论自己独特的表达一样，在合适的教练（探索、支持和挑战）和指导（提供专家建议和咨询）之间摇摆不定。当我从新手教练转变为高级教练时，我发现客户不仅会欣赏我在这两种模式之间的转换能力，而且实际上他们也会因为我的这种技能来寻求我的教练服务。同样，我认为，积极心理教练作为一种利基实践（niche practice）①，也给教练带来了竞争优势，因为它不仅保证了基本的教练敏锐性，还具有吸引人的科学主题，例如幸福、希望。

了解积极心理学内容领域知识是如何影响自身实践的，这对于销售服务、建立教练话语权来说至关重要。例如，了解自己利用了明显基于欣赏式探询（appreciative inquiry）或焦点解决（solution focus）的方法，这可以帮助你清楚表述工作的本质和目的。告诉客户你经常使用"Realise 2 优势"评估，这也可以帮助其了解在接受你的服务时会发生什么。

6. 范式转换 考虑一下整合积极心理学的方式、时间和原因，尤其是优势，这可能有益于你与每个客户的合作。这些潜在的好处可能包括：①客户更倾向于积极话题；②治疗师会减轻自己的倦怠感；③客户和治疗师都会体验到优势利用的心理补益作用。积极心理教练本质上是一种范式转变。这可能意味着你作为一名教练的转变，但一定意味着你的客户会有新的思维方式。即使是最乐观的客户，有时也会遇到职业、社交或情感方面的障碍。作为教练，你可以利用这样的方式来构建问题，即假设终究会有解决方案，并且客户也会有所变化，以此为他们提供一个全新的视角。

---

① 利基是指针对优势细分出来的市场，这个市场不大，而且没有得到令人满意的服务。

积极心理教练认证

积极心理教练的认证，应该基于基本教练能力和积极心理科学坚实基础这双重要求之上。我认为，后者最好涵盖3个核心领域：

1. 聚焦积极——积极心理学的核心在于，与人们探讨正确而非错误的事情。虽然这并不意味着，我们作为教练会忽视弱点或问题，但这确实意味着，我们认为关注积极方面至少有同样的效用。这种基本的哲学观点是所有积极心理学干预方法的先决条件。

2. 积极情绪的好处——幸福，无论如何定义，都是我们交易的货币。从稳固的友谊到更好的工作场所，积极情绪几乎与每一个期望的目标和结果有关。了解积极情绪如何运作以及促进积极情绪最好的方式和时间，这是让积极心理教练行之有效的核心机制。

3. 优势科学——积极心理学的另一个支柱是优势研究。每个人都拥有令人钦佩的品质，这些品质不仅对成功尤为重要，还可以促进更好的发展，这一观点对于积极心理教练实践至关重要。

此外，我认为，所有负责的培训都应为学习者提供可以紧跟积极心理学发展的机制，比如继续教育学分。最后，我认为，所有负责的培训都应涵盖"关系"这一成分，比如学习者和经过认证的积极心理教练之间的积极监督或同伴咨询。

教练能为积极心理学做些什么？

必须考虑的第二个主要问题也同样重要，但对教练来说似乎不那么明显：教练能为积极心理学做些什么？如果积极心理学为教练提供了可信度和工具，那么积极心理学的蓬勃发展只有符合教练的最佳利益才会有意义。教练能为这一过程提供的任何帮助，都可以视为对其自身职业利益的投资。我的猜测是，大多数教练不认为自己对积极心理学有明确的专业义务，至少不会比帮助体育心理学家或经济学家的义务更多。然而，事实上，教练有许多独特的方式，这些方式不仅可以让积极心理学受益，反过来也可以让其自身职业受益。

教练会谈本身就是肥沃的土壤，可以培养涉及人际关系和表现的想法和见解。当我们或客户偶然发现一种有趣的、可以解决古老问题的新方法时，我们当中有谁会不感到兴奋？正如临床治疗会谈长期以来都是逸事传闻的丰富来源一样，教练会谈也可以作为有指导意义的案例研究资料，这不仅对其他教练如此，对积极心理学家也是如此。通过分享从教练会谈中获得的见解和想法，教练可以很好地指导新的积极心理学研究、创建有用的新型评估方式。以头脑风暴为例。与客户进行头脑风暴的方式有很多，但经验丰富的教练可能会根据结果选用特定方式。劳拉·惠特沃思（Laura Whitworth）与其合著者在经典教练著作《共创式教练》（*Co-Active Coaching*）中将头脑风暴描述为一种技能："教练和客户共同提出想法、备选方案和可能的解决方案。一些建议可能并不合理或不切实际，但这只是一种创造性的练习，旨在扩大客户的可能性。教练或客户对建议的任何想法都没有依恋性。"我喜欢这个定义，我作为一名教练，会以这种方式与客户进行头脑风暴。但作为一名科学家，我也想知道，我们是否能通过研究来获得一些见解，以帮助我们更好地进行头脑风暴。只需考虑以下类型的研究问题：

- 是否有某类客户适合采用快速头脑风暴法，而其他客户则更适合通过深思熟虑来进行头脑风暴？

- 是否有一个离谱想法与实际想法的理想比例，可以让这个过程更有效率？

- 是否有一些准备活动，比如讲笑话，可以调动积极性，让头脑风暴更加有效？

- 教练或客户对头脑风暴结果的依恋程度，如何影响头脑风暴的效率？

教练通常缺乏工具或兴趣来调查自己在微观层面上的实践。每个问题都富有经验价值，如果教练已经了解了逸事证据，并且对其中一些问题已经有了初步答案，那么他们就可以对此加以指导。想象一下，在这样一个系统中，教练和积极心理学研究人员可以进行对话合作，以提高各自的专业利益。随着越来越多的教练目录为潜在客户列出教练，教练和研究人员可以通过目录联系并分享互利的想法。教练实践可以作为现场数据收集点，并从与研究相关的见解中获益。教练和积极心理学家之间的公开对话，也会允许前者进行具体研究。例如，教练可能对其所在机构的某种现象特别感兴趣。下面是我自己在实践中的例子。我曾遇到过很多次，有客户在会谈中说："我感觉动力不足，但后来就想，'罗伯特会在会谈中对我说什么？'作为我的教练，你的精神真的激励了我！"作为教练，这对我来说特别有趣，因为这表明了一种强有力的方式，即客户能通过自己的想象力来利用这种教练关系。现在，如果能更好地了解客户何时会参与到这种激励性幻想中，或者知道哪些客户可能会这样做，那么这不是很让人感到兴奋吗？但是，那些因为无法履行承诺而面带尴尬地来到会谈的少数客户呢？显然，人们的性格会解释为什么有人将对教练的想象转化为动力，而有的人却会因此而感到尴尬。但是，系统研究可以为这一现象打开一扇门，帮助我们理解什么是有效的以及它为什么和何时有效。想象一下，你可以直达研究实验室，然后开展与自己的教练实践相关的特定主题的研究。

教练对积极心理学负有义务的最后一个领域是市场关注。积极心理学已经从一门基础科学发展为一门应用科学。这就意味着，10 年前，研究人员主要感兴趣于探究优势、幸福以及其他的积极话题。但近年来，这些研究成果的应用趋势越来越明显。这意味着，平均而言，被积极心理学家所吸引的新一波人，他们对应用和研究一样感兴趣。在很大程度上，他们似乎视自己为"反治疗师"，可以提供咨询、干预服务，以帮助促进积极功能，提升幸福感。但问题在于，由于积极心理学是一门新兴学科，毕业生的选择范围，通常包括研究、将积极心理学应用于金融或管理等其他既定领域，或者其他更多的应用型工作。事实上，第三种选择就是教练。我相信，所有在职教练都有兴趣作出积极努力，为新一波从业者进行认证。通过建立明确标准，比如 ICF 提出的正规积极心理学项目标准，我们就可以代表一些人，来推进更高质量的可靠实践，这些人可能接受过积极心理学培训，但不一定是教练。

> **教练对积极心理学负有的义务**
>
> ● 教练会谈中所获的见解和教练中的专业趋势为研究重点提供了建议。
>
> ● 多样化教练会谈为新的积极心理学干预措施提供了有趣而重要的试验平台。
>
> ● 与商业和商用需求相关的教练趋势，为制定可靠的积极心理学评估提供了必要指导。
>
> ● 随着积极心理学的逐步应用，越来越多的学生获得了积极心理学的学位，这为教练提供了自然的专业平台。

本书工作原理：布局、教练类型、读者责任

你可能跟我有点儿像，喜欢读书，会买书，尤其是买专业书籍，因其是获得灵感、新想法、新技能，并在工作中成长的好方法。你可能像我一样，会选择管理学、教练、心理学和一般非虚构类主题的书籍。你可能像我一样，也不会把这些书从头读到尾，可能会跳到最有趣或最相关的章节，或者只是把书的简介读一下，然后就把书扔到一边。我的书架上堆满了读了一半的书，但我对此毫无歉意。这是一个关于专业书籍的伟大真理：售出的书会远远多于实际阅读的书。我相信这是有道理的。专业书籍通常只提出一个尖锐的想

法或一系列有用的工具，但很少有畅销小说那样的叙事性。如果将今年夏天最好的海滩读物，与你在飞机上随手翻阅的热门管理书籍相比较，这是不公平的。这本书也不例外。虽然我很想在积极诊断和积极评估两章之间加入谋杀谜团，来提高读者的阅读兴趣，但这是不太可能发生的。相反，我希望读者可以在自己认为合适的时候，非线性地跳读这本书。我希望你们能够把每一个章节当作独立的主题来阅读，而不必阅读这之前或之后的内容。我希望你们可以挖掘这本书，准确找到自己所需的内容，而不必浪费时间在不太感兴趣的话题上。

你会在本书中发现什么？

1. 优势　每个人——客户和其他人——都生来就有各种擅长的技能。这些能力尽管是第二天性，但是也可以得到发展。积极心理学有一个分支令人兴奋，即专门的优势研究。这包括客户优势评估方法、优势相关研究以及优势发展策略。优势科学家也承认，每个人在实现目标的过程中都有需要加以克服的弱点。第二章探讨了优势和劣势之间的关系，并提供了本质上是介绍如何与客户使用优势方法的大师课程。优势研究是我最喜欢的研究领域之一，也是我教练的热情所在。多年来，我在该主题的培训中收获了一些喜欢的见解和活动，我也努力将这些内容穿插在这一章节中。

2. 幸福感　感觉良好和体验意义感是每个人都关心的问题。重要的是，幸福科学已经表明，在工作、人际关系和个人生活中，保持乐观心态会带来多种益处。没有什么比工作幸福感这个话题更适合于教练了。理查德·博亚茨（Richard Boyatzis）、彼得·沃尔（Peter Warr）和索尼娅·柳博米尔斯基（Sonja Lyubomirsky）的研究及理论表明，在许多方面，幸福感是完全适合工作场合的话题。第三章内容涉及积极科学的简要概述，尤其涉及工作场所以及一些具体应用，包括投射的最好自我、反馈和愿景。作为一名研究人员，幸福是我的主要专业领域，我也试图将这一章的内容作为对上一本书对应章节的额外延伸。在之前那本书中，我对有关幸福科学的基础知识进行了介绍，但现在我并没有像以往那样，而是尝试提供专门适用于教练的信息。

3. 希望 人类展望未来的能力是独一无二的。无论是计划度假、预测天气，还是制定下个业务季度的战略，我们都可以利用自己的能力提前思考，然后过上更好的生活。这对于帮助客户达成愿望的教练来说尤为重要。我们相信自己有能力对未来结果产生积极影响——我们的希望是教练成功的核心。我们有许多强大的专业工具——支持、认可、挑战——都是为了鼓励希望，从而提升动机和自我效能感。在第四章中，我将介绍与教练相关的希望理论和研究，并提出能为客户灌输希望的建议。

4. 积极诊断 自医学诞生以来，医生一直在利用自己的诊断能力与疾病斗争，以保健康。通过综合征症状识别，医生能够进行特定治疗。如果存在一种与传统诊断相对的积极诊断会怎么样呢？如果存在这样一种"积极诊断"，在这种诊断中，教练能够观察积极行为、感受和想法模式，以识别表现综合征，并相应调整工作方式，那么这又会怎么样呢？第五章介绍了积极诊断的概念，并提出了实现这一目标的建议和措施。

5. 评估　教练职业的优势之一是广泛依赖一些既定测量标准，这些标准涉及个性、兴趣、优势和其他会对我们的表现产生影响的个人品质。积极心理学作为一门科学，同样依赖用经过充分验证的测量方法来研究个人和群体。在第六章中，我将介绍一些关于测量的基本信息。但是，如果这听起来像是你本科统计学课程的重修课，那么请放心，我的目的是提出一些有关测量的有趣问题，并为评估竞争性测量方法提供工具。在我们短暂探索这种心理测量学兔子洞之后，我们将有一个实际评估表，其主题包括满意度、希望、工作风格和消极情绪等。为了您的利益，我们将对评估进行完整讨论和全文转载。

6. 转变　虽然你可能不会主动思考，但你的每一天，甚至所有的日子都是由关键的转折点组成的。从起床到吃早餐，从家到公司，再从公司回家。你从初入职场过渡到人及中年，从亲人满堂转变为独守空巢。无论在微观层面还是宏观层面上，这些转变都会影响到我们的感受，影响到我们在下轮活动或下一阶段生活中的表现。我会在实际教练会谈中，对这些过渡时期、相关研究以及案例研究进行概述。在所有情况下，我都会强调利用过渡时期以实现更好的教练和更佳的客户表现的重要性。

7. 积极心理教练会谈概述　教练有多种定义，有时很难区分不同形式的教练。有时甚至也很难清楚地说明教练和治疗之间的细微差别。尽管如此，这些区别是真实存在的。鉴于积极心理教练可以区别于其他形式的教练，我将在一章中介绍积极心理教练作为一种独特尝试的机制。我会介绍之前咨询过的其他教练提供的一些提示和建议，并概述与其他积极心理教练相关的具体问题。

8."水晶球" 虽然我不是算命师，但我会通过积极心理教练以尝试解读未来。我相信这是一门学科，也是两个新兴行业，即教练和积极心理学之间令人兴奋的纽带，这似乎比我遇到的其他所有领域给我带来的兴奋和热情都要多，并且还在快速增长。我将对教练趋势和积极心理学发展趋势作出具体预测，并为驾驭这两大领域的浪潮提供建议。

一项邀请

我想邀请你来阅读这本书。这本书可以按序阅读，也可以只读一章，可以从图书馆借阅，也可以将其作为礼物送给同事。但无论你选择怎样利用这本书，我的目标都是向你展示新颖或具有挑战性的想法，帮助你利用新型练习，讲述鼓舞人心的故事或者进行评估，以提高练习质量。我不期望你会同意我提出的每一个观点，或听从我的每一个建议。我比较不关心自己是否成功地让你相信了我是正确的，或者我的专业知识是否给你留下了深刻印象。正相反，我希望这本书是与你有关的。我希望你能从阅读体验中跳出来，并吸收一些东西，一些你可以利用或与朋友相互分享的东西。为此，我邀请你们不要将自己即将开始的体验看作对专业书籍的批判性探索，而是把它当作一次寻宝历程。毫无疑问，本书中的一些观点可能会显得枯燥乏味，而其他一些观点则会闪耀着狂热的光彩。我邀请你四处寻觅，直到找到自己喜欢的标记着"X"的内容。

POSITIVE PSYCHOLOGY COACHING

第二章　竭尽全力成为更好的你：识别与发展优势

花些时间回想一下你的童年。尤其要记住你在小学时期上的体育课。也许你是被迫绕着跑道跑步或做操的，或者，也许你很幸运，能被允许玩躲球游戏。在接受教育的某个阶段，不管你参与过什么样的体育活动，都很有可能曾不情愿地选择队长或者队伍。从某种程度上来说，这种活动是童年最残酷的事。我的学校是这样进行的：体育老师让最擅长运动的男孩裘德和女孩梅根来当队长。然后，裘德和梅根轮流挑选出最有天赋、最擅长运动的孩子。杰夫通常是第一个被选中的人。然后是特洛伊、苏珊。选择过程大约进行到一半的时候，所有擅长运动和多少对运动有些兴趣的孩子就都被选中了。然后，这一策略就转向了动作笨拙、肢体不协调的孩子，他们大多由于身体笨重，可能会在运动中受到潜在伤害。我不会不怀好意地说出这些孩子的名字，但请相信我，我记他们的名字甚至比记最优秀孩子的名字还要好。特别有趣的一点是，你会注意到，这个选择过程是多么自然而直观：招揽最有技能的队员来加强团队，直到通过关注个人弱点来对不利之处进行限制。

有趣的是，孩子们在运动队中的分配方式，与组织招募人才、体育俱乐部招募超级明星的方式几乎相同，老实说，我们大多数人选择配偶的方式也是如此。例如，在选择伴侣时，大多数人通常会关注好的一面，即对方最为吸引人的地方，也许是一种幽默感、信赖感，或者是美貌。你会注意到，当涉及内心问题时，一个人不会只关注到消极特性。没人会说："我很高兴能和汤姆结婚。我最喜欢他的一点是，自己能忍受他的杂乱。我也很期待一辈子都不会被他偶尔的愤怒情绪所拖累。"当谈到我们珍视的东西和最希望实现的目标时，我们自然地倾向于关注优势，因为我们会有一种直觉，即优势能帮助我们达到最佳状态，让我们体会到最大意义，并能充分享受生活。

事实证明，优势这一概念是积极心理学研究、应用中最令人兴奋的领域之一。我们很快就会看到，自己会在优势方面取得巨大成功，经历成长，并能享受活力与幸福。事实上，"优势发展"如此之好，以至于长期以来一直有人呼吁将更多精力投入其中。例如，在 20 世纪 60 年代末，管理学大师彼得·德鲁克（Peter Drucker）说："一个人为了取得成果，必须要利用所有可用的优势，这些优势才是真正的机会。组织的独特目的在于让优势富有成效。"多年后，盖洛普（Gallup）前首席执行官唐·克利夫顿（Don Clifton）也表达了这种观点："盖洛普发现，我们的才能——能够有效运用且自然反复出现的思维、情感或行为模式——才是我们成功的最大机会。"优势是吸引客户和员工的有效方式，克利夫顿在为该说法建立科学基础方面，发挥了重要作用。如今，许多公司正在大力投资基于优势的一切，从基于优势的招聘到基于优势的管理和再就业。作为一名教练或顾问，了解人们对优势科学越来越感兴趣，也恰恰符合你的利益。

> ### 活动：你最为自豪的是什么？
>
> 优势可以直接带来成功，这说起来很容易，但这是真的吗？从直觉上讲，我们最大的成功，来自自己最优秀的品质，而不一定是将弱点

克服。为什么不检验一下这个理论呢？花点时间想想你最为自豪的事情——也许是商业上的成功，或者是努力保持健康的方式，也或者是你长达 20 年的婚姻。尤其要试着想想某个有关自己行为方式的精彩时刻。那时你说了个正确的观点，或者作出了一个很棒的决定。当你总结这些闪光时刻时，你很可能发现它们绝大多数都是优势得到发挥的直接结果，而不是由于你克服了某个弱点。你最自豪的时刻，几乎一定与你所处的最佳状态有关。

在深入研究优势之前，花点时间定义一下这个难以捉摸的概念是很有意义的。我并不是声称自己垄断了优势的定义、优势教练或优势模型。在我看来，我在这里介绍的是一种正视优势的有用方式。比起有关优势的唯一真理，一个易于理解的模型才更让我感兴趣。撇开这个警告不谈，让我们先直奔主题！在应用积极心理学中心（CAPP），我们将优势视为进化发展的产物。这意味着，某些对个人、群体功能有用的品质，如领导力、创造力和宽恕力，实际上可能都有生物学根源，并通过社会化加以传递。我们每个人都有一些"预先存在的能力"，可以根据不同情况对它们加以利用，来使我们发挥出最佳水平。事实上，我们想尽量保持简单，而不是想通过长期讨论人才和技能等相关主题，来让优势的概念复杂化。在 CAPP，我们认为优势是"我们先前存在的思维、感觉和行为模式，这真实存在并充满活力，可以让我们实现最佳表现"（见图 2-1）。

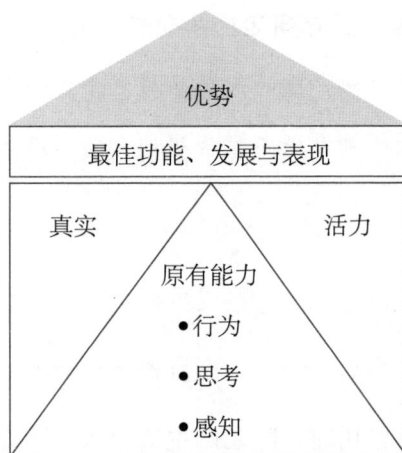

图 2-1　优势利用带来最佳表现

　　理解我们所说的活力和真实性是非常重要的。所谓真实性，即优势是对真实个体的描述。举个例子：我是一个早起的人，但这并非我想要、想追求的特质。事实上，我发现早起的人一样会烦躁！然而，我无法避开这样一个事实：我无论什么时候睡觉，都会在早上 6 点自然醒来，休息充足，然后准备迎接新的一天。我从睁开眼睛到从床上跳起来都不到一秒！尽管我一大早就处于最佳状态，精力充沛，但偶尔我也会想成为一个夜猫子。毕竟，夜猫子很酷。这些人熬夜、参加派对、与人社交，直到凌晨。在那些不符合我作息的时间段，我向妻子保证，会在参加深夜派对时努力保持清醒。但这其实不切实际。我发现自己会打瞌睡，会找借口去车里打盹，或者会拼命希望自己已经在家换好睡衣准备休息。优势发挥作用的方式大致相同：在生活中，我们每个人都被迫与一只隐藏的手共处。我们中有些人极具创造力，有些人富有同理心，有些人很固执，而有些人很有趣。与优势共处和实现优势发展的最关键的方面之一，是确保你和客户关注的是真实的优势。

> 优势并不意味着志存高远！尽管我们可能非常想要一种特别的优势，但专注于这些自然产生的优势并与之合作会更有成效。诚实地对待自己，并利用我们已拥有的而非希望拥有的品质来工作，这才对我们最为有利。

当我们称优势为活力时，并不一定是在谈论这个词的新时代意义。我们的意思是，优势在发挥作用时，随之产生的投入、活力和热情显而易见。当人们利用自身优势或谈论起自己利用优势的情境时，他们往往会活跃起来，变得更有生命力，更善于沟通，也更加警觉和兴奋。活力是优势的标志性特征，也是对其进行识别的基础。一个人可能擅长组织、说服或安慰他人，但除非这件事能让其情绪振奋或精力迸发，否则这可能就不是一种优势。

> 活力是优势的标志性特征。当人们利用或讨论自身优势时，他们往往会感受到一种热情。你可以将活力当作一个标记，用以识别优势何时发挥作用。

优势识别的利用与发展这一观点，不仅仅是学术问题。优势是我们的个人特征，这些特征不仅在很大程度上促进了我们的成功，而且也让我们因此为他人所认可和钦佩。在招聘、管理、育儿、教学、指导，当然还有教练方面，具备发现、标识他人优点的能力，是至关重要的。如果优势可以带来成功，那么在这个领域培养你的素养是尤为值得的。

把自己培养成优势教练

教练的核心是与客户合作，以帮其达到最佳状态。无论你是一名商业教练还是一名生活教练，具备发现优势并帮助客户发展优势的能力，对职业成功来说都是至关重要的。除帮助他们进行财务、社会和专业资源分析以外，对他们的自然人格和心理资源，即优势进行评估，也十分有意义。不幸的是，许多教练直接跳到了"识别并利用"的优势教练模式，他们遵循一种标准方法，即首先识别客户优势，然后利用头脑风暴以更有效地利用这些优势。这种方法十分理智，但在我看来，这却忽略了完整优势教练的复杂性、趣味性和有效性。这有点像来到巴黎，在没有任何法语指导的情况下，看到一个当地人就想开口对话。你需要先熟悉优势语言，然后才能将其作为焦点与客户合作。事实上，我建议，你在与客户合作识别并发展其优势之前，可以通过增加自己的优势词汇，以系统提升自己的专业能力。

开发优势词汇

开发优势词汇，仅仅意味着你需要花费时间来熟悉一些优势，并对其进行标识，然后你就可以在其他人身上识别相应的优势。如果你只准备好了 15

个或 20 个优势,那么这就是你能在客户身上看到的全部。如果你能随时想起 50 个或 60 个优势,那么你就更有可能在客户身上发现细微差别和多样化优势。有时候,优势教练可以与客户一起开发新的优势词汇。我个人对建立优势词汇的想法是在一次教练会谈中产生的。我的客户是一个聪慧的年轻人,那是他在医学院的最后一周。他因有很多重要任务要提交而有些惊慌失措,这些任务包括案例介绍、一篇论文和一份未来住院医师申请。我们的会面时间是在周一,客户问我是否可以在周三再次会面,以帮助我们建立额外的责任感。当我们周三再次谈话时,他的焦虑情绪明显加剧了!他不仅没有完成诸多任务,甚至都还没有开始去做。他承认,自己花了一周时间在电子设备上下载音乐和播客节目,但没有专注于本应完成的工作。下面是我们的对话:

  我:一切都还好吗?

  客户:糟透了!我什么都没做!我整周都在拖延!

  我:拖延?

  客户:是的!我一直在听播客、建立歌单……事实上,我似乎一直在做其他事情来逃避工作。

  我:我能听出你语气里的焦虑。

  客户:没错!我好抓狂!我总是这样!

  你和自己的客户很可能也经历过类似情况。即使是最成功、最具自我导向的客户,偶尔也会逃避责任,或在完成任务时遇到困难。这个特殊案例的不同之处在于，客户的评论十分精彩："我总是这样！"这引起了我的注意，其部分原因在于，这似乎与我所了解的情况有所出入，之前我以为他非常聪明，是个很有成就的人。所以这时，我想就此询问一下。

> 我：你习惯于拖延重要工作吗？

> 客户：是的，在高中、大学、医学院的时候我也是这样。

> 我：你会推迟工作？

> 客户：是的，我总是这样。我会把它留到最后。

> 我：请问，你按时上交论文和任务的频率是多少？

> 客户：（笑）一直都能按时上交，你在开玩笑吗？

> 我：（假装惊讶）我就直说了，你会把工作拖到最后一刻，但你一直都能顺利完成，是吗？

> 客户：没错。

这是我得到的第一条线索，表明我客户的情况比我一开始所了解的更复杂。我知道，我的客户几乎在各种意义上都是成功的，但是不明白他为什么总是拖延，却仍能得到想要的一切。他告诉我他会把工作推迟到最后一刻，但在我看来，但这并不是典型的拖延。事实上，当我听到他大笑或者讨论自己的工作习惯时，我就觉得，他其实正因自己独特的工作风格而充满活力。所以我决定进行进一步调查。

我：我想问你一个问题。

客户：好的，问吧。

我：你临期交上的工作成果质量怎么样啊？

客户：质量？呃……特别好？

我：特别好？

客户：是的，特别好。

到这里我就明白了。这就是我的客户，他试图让我相信，他自己就是个普通的拖延者。但是，这种拖延并非我所看到的那样。我看到他具备某种天赋！他几乎可以凭直觉准确知道完成工作所需要的时间；这种人不需要浪费精力来激励自己，也不需要外在的最后期限来自我鞭策；他可以在一周内自我放松，与此同时也能下意识地对工作进行思考；他可以在最后一刻才开始行动，尽管时间紧迫，但是仍能适应这种情况，并高质量完成工作！对我来说，这绝非懒惰，而是一种有待标识的优势。

我：你介意我提出不同看法吗？

客户：不介意。

我：你称自己为拖延者，但我所看到的却并非如此。

客户：不是吗？

我：根本不是。如果你等到最后一分钟才交上工作，并且完成得平平无奇，那可能是拖延。但我看到你在最后一刻应付自如，仍然出色完成了工作。

客户：是吗？

我：我认为，你身上确实有我们所看到的优势。让我们把它称为"孵化器"。

客户：孵化器！我喜欢。那正是我！

标识客户优势，不仅是我们会谈的转折点，同时也是客户看待自己的方式和视角发生转变的重要一步。他从自责于所谓的拖延，转变为重视自己天生的工作风格，更好的一点在于，他可以有效地对此进行规划。这是一个决定性的时刻，事实上，我们找到了语言和定义来描述这种优势，这就让我们因此展开了一场富有成效的讨论，讨论如何最好地对其进行开发和利用。同样值得注意的是，这也是我作为教练的成长过程中的一个决定性时刻。我亲眼看到了标识自身优势所带来的力量，由此，这一直支撑着我的教练实践。

现在世界上有无数与优势有关的现象有待标识。在培训和研讨会上，我经常让参与者思考一些个人优势并通过造词来对其加以描述（无论这个标签词是否真实存在），以此来让他们迈出建立优势词汇的第一步！过去，我曾听到一些非常有创意的命名，比如"触角"（能够自然关注群体情绪并作出相应反应的能力）、"哥白尼性"（这种以天文学家哥白尼的名字命名的优势，是一种自然能力，能够接受现有模式或思想，但也能看到其机智或具有挑衅性的另一面），以及"资源管理者"（既是了解需要利用哪些资源来实现目标的向导，也是有效整理资源的专家）。事实证明，优势标识会恰好与预期相反：客户往往会对标识过程作出积极反应，而非因此受限。在某种程度上，如果客户反应良好，那么作为教练，你就会对这个过程很感兴趣。标签词越机智、越有格调或越好玩，那么操作起来也就越有趣。此外，你要明白，有时你想出的标签词不会完全适合客户。不要害怕！客户对这类事是十分宽容的，他们经常会提出一个他们自己的标签词。事实上，邀请客户参加标识对话，是改变其优势看法的一种极好方式。当他们修改或接受了你提出的标签词，或创建了自己的标签词时，他们才真正开始拥有自己的最佳品质。

活动：立即创造新的优势！

想一下这样一种现象，即你知道自己或认识的人在何种情况下会一直处于最佳状态。这可能是你朋友与他人互动的方式，也可能是你的工作伙伴应对逆境的方式。想一下是什么让你充满活力，或者想一下其他人身上最能激励你的品质。一旦你认清了这种优势相关现象，就为其写下几个标签词。玩得开心，不用担心你的标签词是不是够聪明，只要确保这对你来说很有意义就好。一开始可能很难做到这一点，但一定要尝试这种活动：为自己设定目标，让自己在一周内要关注到自己的优势，每次你看到优势发挥作用，就给它贴上一个标签词，不管这个标签词是像"创造力"一样平凡，还是像"创世龙"一样好玩。持续的练习将帮助你掌握这项技能。

认清客户优势

即使你建构了自己的优势词汇，你也需要提升自己识别和确定优势的能力。优势词汇建构和优势识别是相辅相成的技能。作为一名教练，你了解和展示客户优势的能力将直接与你的成功相匹配。在某种程度上，大多数经验丰富的教练都会自然而然地做到这一点。在某些情况下，教练可以见证客户活力的波动，记录客户何时兴致高昂，何时情绪低落。在某些情况下，但并非所有情况下，这些活力波动与客户的优势发挥直接相关。对于其他教练来说，将优势暴露出来是有益的想法，这一点并不是革命性的见解。实际上，即使是对经验丰富的教练来说也很有意义的一点，是这样做的实际步骤。除本书后面讨论的正式的积极心理学评估之外，还有更多自然主义的方法可以获得客户最闪亮的品质。

发展优势最简单的方法就是关注活力的提升。好消息是，这可能是你在教练实践中已经在做的事情。教练，尤其是通过电话进行的教练，需要持续关注客户优势的细微变化。尤其是在注意到活力急剧上升或突然下降时，我们会看到什么？客户会有许多明显的行为变化，这些变化与优势的一般概念以及具体的优势有关。客户讨论优势时往往说话更快，音调更富于变化，他们的姿势都更为挺直，无论是手势还是面部表情，非语言表达能力都会增强。有趣的是，人们在讨论个人优势时也更倾向于使用隐喻。人们通常在自己擅长的领域表达流利，这让他们掌握了一门较为完备的语言，其中包括用来描述自己思想和行为的隐喻。例如，我曾有位客户在社交方面，尤其是在结交新朋友上，非常有天赋。她能立刻与各种背景的人，甚至是与自己截然不同的人进行交流。在谈到"第一次接触"的情景时，她活跃起来，说道："我觉得自己就像一块乐高积木。你知道无论大小或颜色如何，每块乐高积木都是能与其他积木连接的吗？我就是这样的！"（猜猜我们把这种优势叫作什么：乐高！）

识别优势时请注意以下几点
● 语调上升
● 语速加快
● 姿势更佳
● 睁大眼睛，扬起眉毛
● 微笑、欢笑
● 手势增加
● 隐喻使用增加
● 表达更为流畅

由于活力是优势的一个标志性特征，所以你可以通过提出问题来激发客户的内在潜力。如果提出的问题能够激发客户的热情和参与度，那么你就打开了一扇关于优势的对话之门。我通常使用"过去—现在—未来"的方法来引出问题。涉及"过去"的问题时，我会问客户有没有过去自己觉得特别自豪的事或活动。这可能是一项商业成就、一种社交纽带或一项体育壮举。但

无论是什么情况，几乎可以肯定，这是客户高度重视的一些事情，可能反映出个人优势。有时，由于一些客户对"自豪"（proud）这个词感到厌烦，我也会询问他们作出的让自己感到满意的选择，或者从其他人那里得到的赞扬。这里的诀窍在于让客户摆脱简短回答模式，而进入简短故事模式。你希望客户讲一个小故事，他们会专注于自己所谈论的内容，这样你就有了原始材料和时间来挖掘其故事的优势。有时，这需要一些叙述性语言的推动，比如后续的"告诉我更多关于那件事的信息"。在"现在"的问题中，我只是简单地问客户目前觉得什么事会让他兴奋。加速客户发展的机会也是他们达到最佳状态的机会。最后，关于"未来"的问题，我请客户考虑一下不久后的未来，比如说下个周末或下个月。然后我请他们告诉我他们期待发生什么。同样，在这种情况下，客户往往会给出简短的回答，通常这需要进行简短的跟进，比如问："你如此热切期待的人或事物是什么？"当你的客户转换到故事模式时，你会立即意识到，你能获得的信息量之大令人惊讶！通常，当我为教练进行培训并练习时，我们可以作为一个整体，在人们为"你对未来有什么期待？"这个问题给出的 15 秒左右的回答中提取出大约 5 种优势。

发展优势的 3 个简单却有力的问题

- 你过去最自豪的事情是什么？

- 现在是什么让你充满活力？

- 你对不久后的未来有什么期待？

利用该方法可以寻找客户优势，在此我尤为喜欢的一点是其自然性。正式的评估测量有其自身优势，与之不同的是，简单询问客户的热情和兴奋程度是种非正式途径，这有助于加强你们之间的关系。事实上，我发现涉及"未来"的问题是3个问题中最有力的一个，这是一个了解客户的好方法。我通常在早期会谈中使用这一问题或类似问题。你为什么不试着从现实世界的例子中找出可能的优势呢？记住，每个人都有诸多优点，所以这没有正确答案。看看你能找到多少种不同的优势，并享受对其进行标识所带来的乐趣。

你对不久后的未来有哪些期待？

回答：我希望自己期待的是与工作相关的东西，但事实是，我现在对工作并不感到那么兴奋。亲爱的，我最期待的是三周后的假期。我知道这听起来有点奇怪，但我想和两个不认识的人去墨西哥待一周！这一想法始于我们共同好友所提议的旅行。我们都赞成这个提议，但由于一些家庭原因，这位朋友不得不退出。我为其感到惋惜。和两个陌生人一起旅行的话，我感到有点尴尬。但是，你知道，我想自己应该试试看。毕竟人只活一次！

我们要去尤卡坦半岛。我们会在海滩上闲逛，在海水里玩耍，这让我非常兴奋。我听说在那里潜水很不错。我不会潜水，但我想学。我也期待着参观一些玛雅遗址。我一直对历史着迷，也很高兴有机会去了解玛雅人。我真的对他们一无所知，所以我要在去之前读一本书。事实上，我认为这整个经历将是一个很好的结识陌生人的机会。也许我会结识到一辈子的朋友！

现在，在你进一步阅读之前，你是否浏览了客户的回答并试图找出一些优势？我意识到，比起听这位女士坐在你面前讲述，从印刷的书籍中找出优势会更加困难，但我相信你仍然可以找到一些可能的优势。如果你已经进行了尝试，并准备好继续前进，那么，无论如何，请继续阅读！这位女士对许多活动表现出明显的热情，例如学习潜水和参观遗址。这可能是因为她好奇心强或喜好玩乐，这些都是很好的出发点，但很难确定是否真是如此。毕竟，大多数人不都会对这些活动感兴趣吗？对于这位女士来说，有几个特质似乎是独一无二的。首先，她很有冒险精神。想想看：她正计划去外国旅行，从事一项新的活动，并且是与她不认识的人一起进行。你可以称这种优势为"冒险"，这就像我们在 CAPP 所做的那样（拥有这种优势的人很可能会把自己置于舒适区的边缘，因为他们乐于看到自己会作出怎样的反应）。你可以将其标识为"勇气"，甚至是"乐观主义"，因为其温和的冒险行为似乎暗示着一种感觉，即一切最终都会朝着最好的方向发展。其次，另一个可能的优势在于她渴望学习新事物。你可以看到，她对有机会了解人类、了解玛雅历史，甚至学习潜水感到兴奋。在任何情况下，她对学习的热情似乎都是完全自主且充满活力的。你可以像我一样把这种力量称为"热爱学习"，或者你也可以将其称为"学习者""尝试者"或"海绵"。如果你可以判断出这两种优势中的任何一种，即她的冒险精神或她对学习的热爱，那么即使不使用正式评估，你也可以很好地识别个人优势。

向客户介绍优势

如果你觉得专注于优势的好处显而易见，那就再思考一下。尽管研究和逸事证据都表明，我们的优势是令人难以置信的资源，但很多人仍然会将其忽视，而倾向于关注弱点。事实上，自助书籍和研讨会在全球范围内是一个价值数十亿美元的行业，这个行业主要集中于认识个人缺陷和克服弱点。我不会因关注缺陷而责怪任何人——在很大程度上，这是十分自然的事。我们往往对风险和问题保持警惕。问题和个人失败会让我们感到非常紧迫，这往往需要我们立即对其投去关注。不仅如此，我们还面临着巨大的压力，被要求专注弱点，少谈优势。例如，我们经常受到教导，应该谦虚低调。因此，公开讨论优势似乎就具有了冒犯性。作为一名教练或顾问，你可以预期你的一些客户有天生的优势天赋，而另一些客户则对优势不敏感。

我们不注重优势的原因

- 进化让我们对问题时刻保持警惕。

- 问题往往让人感到紧迫。

- 社会规范要求我们保持谦虚。

- 我们并非总能意识到自己的优势。

- 我们经常认为，自己最大的成长空间在于弱点，而非优势。

幸运的是，有多种方法可以向你的客户介绍优势，而不必让其回避这个

话题。第一个策略是尽早介绍这一主题，将教练会谈的主题确立为关注优势和积极性。第一印象及其形成速度的研究，已经在生活和心理学研究文献中取得了诸多成果。你可能知道人们对你的第一印象会影响他们对你以后行为的看法。在与客户进行早期目标和资源讨论时，有什么比关注优势更能让你从正确的角度出发呢？积极心理学随着多年来的发展，已经对引入优势的技巧进行了广泛使用。这就是优势介绍（strengths introduction）。在这种简单而有力的练习中，人们需要（在本例中是你的客户）通过简单讲述一个自己处于最佳状态的故事，来进行自我介绍。你可以通过询问"你最喜欢自己的哪一点？""你在什么时候处于最佳状态？"或"你最引以为豪的是什么？"等问题，在初始阶段中轻松完成这一点。为树立范式、建立教练关系，你可以思考自己的优势故事。通过优势介绍，你可以为积极关注奠定基础。

在你与客户进行实际尝试之前，你应该知道两个关于优势介绍的注意事项。首先，大多数人最初并不愿意完全投入优势介绍中。其次，克服这种不情愿非常容易。事情是这样的：你的客户从小到大的社会化过程都在告诉她要谦逊、要低调，而坦率地说出自己的优点会让她感到有点不舒服。这是你建立教练文化的最佳机会。你可以说："在我们的会谈中，不必担心日常的社会规则。在这里，我们可以诚实地说话，也不必担心任何人的评判。相信我，我实际上对你的优势非常感兴趣。我想让你谈谈它们。事实上，当你告诉我你自己的成就时，我知道你不是在吹嘘或暗示自己不知何故基本上都会比其他人表现得更好。我知道你只是对我诚实地说出了你独特的优势。"我在欧洲、亚洲、非洲和北美各地进行过教练培训，在每个地方，我都发现人们需要一点安慰，之后他们就愿意并且能够全身心投入活动中。有趣的是，几乎每一个参加优势介绍的人都会因这次经历而感到精力充沛、倍感振奋。大多数人也喜欢倾听别人（比如你）的长处，并且会发现倾听别人的长处很有启发性。综上所述，我认为还有一点非常重要，即尊重文化差异并理解公开谈论自己的优势对一些人来说，可能会感到陌生或尴尬。

引导优势介绍非常简单。下面是我在大群体中的一些做法，也是我要介绍的第一个策略。你可以根据任何你认为适合特定客户或工作组织文化的方式对此进行修改。

通常，当我们被介绍给其他人时，我们会询问其工作领域。这样做的原因在于，了解一个人的职业或行业可以为我们提供有关此人的教育背景、社会经济地位、能力和兴趣等方面的大量信息。询问"你是做什么工作的？"是"你是谁？"在会话中的一种简约表达。想象一下，如果我们生活在一个通过讲述最擅长的事情来介绍自己的世界里，会是什么样的。一开始，公开谈论自己最大的优势听起来有点疯狂。但是，一段时间过去，你就会发现这正是我想要你做的。我想请你讲一个非常简短的故事，介绍一段你处于最佳状态的时期。我想知道你的优势。

现在，我知道即使自己这么说，你的防御也在增强。你经历的所有社交活动都在告诉你不要谈论自己的优点，不要自吹自擂，不要把自己凌驾于他人之上，要保持镇静和谦虚，这是巨大的压力。

我想让你知道，我明白这一点。但是在这里，在这种情况下，你和我可以把那些社会习俗放在次要位置。你可以自由、诚实地谈论你做得好的事情，并且可以放心，我真诚地希望听到你最好的一面。当你告诉我你的故事时，我知道你并非在暗示自己天生比任何人都好，我知道你不是在吹牛。你只是应我的要求，与我分享一个与你所擅长的事情有关的故事。世界上每个人都有这样的故事。

所以，请花点时间想想你做过的事情、你作出的决定，或者你完成的一项壮举，为此你感到自豪或满足。想想你有哪些优势可以帮助自己在这种情况下取得成功。我很想听那个故事。

向客户介绍优势的第二个关键策略与其对立面有关：劣势。对包括客户在内的所有人来说，一个主要的绊脚石就是错误地认为注重优势必然意味着忽视劣势。大多数人认为，如果是这样的话，那么优势方法只不过是盲目乐观，是完全不现实的。正是出于这个原因，我强烈建议你在这些批评深入人心之前，直面批评以进行阻止。当我与客户或在学术培训、组织培训中展开关于优势的对话时，我会确保自己尽早提出与劣势有关的想法。通常，在提出优势的定义或简单概述优势的一些好处来对优势进行介绍之后，我会直接谈论劣势。在谈到劣势时，我最先要强调的是，我认为解决劣势很重要。我向自己的客户或培训团队保证，我不主张只看优势而不看劣势。我强调，关注优势和劣势很重要，但原因完全不同。然后我会向他们介绍帆船隐喻（sailboat metaphor，见图 2–2）。

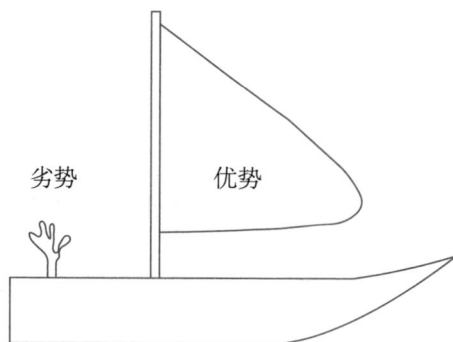

图 2-2　了解优势与劣势的关系

我们假设你是一艘帆船。但不幸的是，你有个漏洞。我们把它称为你的劣势。现在，如果你有一点常识，就不会忽视这个劣势、漏洞，因为你会沉下去！我强烈要求你注意这个漏洞。事实上，你这样做是至关重要的。在现实世界中，如果我们不加以处理，劣势可能会让我们倾覆或沉没。所以，是的，我们要努力阻止漏洞。处理好漏洞后，你应该明白一件非常重要的事情：即使你 100% 阻止了漏洞，你也可能仍然无法到达任何地方！在这种情况下，真正给你前进动力的是你的帆，即你的优势。你需要注意防漏，防止自己下沉，但需要扬起船帆，借风前进。所以仅仅关注优势或劣势是不够的。

向客户介绍优势的第三个有效策略是，强化优势聚焦有其科学基础这一观念。通常，人们听到主要的积极心理学主题，如幸福、希望或优势时，他们会将其解释为抽象、难以捉摸或偏理论性的概念。重要的一点是要记住，积极心理学的核心是一门科学。事实上，在其早期，积极心理学的先驱们就表达了合理的担忧，即积极心理学会与自助运动混为一谈，并且因被视为一种流行文化现象而不受关注。

2002 年，现代积极心理学运动的创始人马丁·塞利格曼（Martin Seligman）写道："科学必须是描述性的，而非规定性的。积极心理学的工作并非告诉你应该乐观、精神、善良或幽默，而是描述这些特质的结果。"尽管自 2002 年以来，积极心理学逐渐成为一门应用科学，但它仍然是一门科学。优势方法不仅仅是一个吸引人的想法或让人感觉良好的策略。已有确凿数字和具体证据表明，这是一种有效的工作方式和生活方式。

> **优势研究**
>
> - 识别自身优势与高幸福感和低抑郁率相关（Steen et al.，2005）。
>
> - 在一周内有意识地利用自身优势与高幸福感和低抑郁率相关（Steen et al.，2005）。
>
> - 管理者的乐观水平预测项目业绩（Arakawa & Greenberg，2007）。
>
> - 感恩与较高社会支持水平和较低抑郁水平相关（Wood et al.，2008）。
>
> - 较高水平的优势，如乐观、宽容和感激，与战争退伍军人中较低的社交焦虑率相关（Kashdan et al.，2006）。
>
> - 勇气、善良和幽默等优势与疾病康复相关（Peterson et al.，2006）。
>
> - 表现优秀的管理者注重优势：与表现不佳的管理者相比，他们花时间在与高绩效的生产者相处、匹配人才与项目上，他们强调优势而非资历（Clifton & Harter，2003）。

> ● 研究发现，明确基于优势的重点治疗效果，要优于"常规治疗"和"治疗加抗抑郁药物"的对照组（Seligman et al.，2006）。

最后，对于那些似乎抵制优势方法的客户，这可能会帮助你获得一些提示。我在这里以最友善的方式使用"抵制"这个词。我知道，作为一名教练，你受过的训练让你跟随客户的引导，永远不会想把你的议程强加给客户。当谈到克服客户阻力时，我指的是与这些客户合作，他们不一定有自然的语言表达，不一定很容易接受优势，或不愿意拥有自己的真正优势。通常，这些客户对优势反应缓慢，不是因为世界观上的一些差异或个人价值和教练议程的根本冲突，而是因为他们还没有成熟的语言来谈论或理解优势。此外，他们可能从来没有收到过关于自己优势的直接或即时反馈。为了证明后一种观点，我们只需要看看盖洛普组织的汤姆·拉思（Tom Rath）的观点。拉思在《你的桶有多满？》（*How Full Is Your Bucket?*）中写道："管理者们要注意：表扬在大多数工作场所都很少见。一项民意调查发现，令人震惊的是，65%的美国人称在过去一年里他们良好的工作表现没有得到认可。"那么，你的客户的"抵制"可能只不过是被不熟悉的表达所困扰的结果。以下是一些帮助你的客户了解自己最好一面的技巧：

1. 体验优势　帮助客户在情感上体验优势。要求客户讨论与过去行为优势有关的例子，例如领导力或勇气，这样可以激发客户的积极性。对于与思维过程有关的更多认知优势，如好奇心和创造力，可以在会谈中利用这些素质，通过头脑风暴或用强有力的问题进行探究，从而让客户获得即时的积极体验。一定要指出并标识积极感觉所伴随的优势。

2. 建立优势词汇表 帮助客户建立优势词汇表。正如你努力填写自己的优势词汇表一样，你也要努力帮助你的客户做到这一点。通常，讨论和接受优势的最大障碍是，大多数人没有完善的优势词汇表。提供优势的定义，指出你观察到的优势，给发挥优势布置家庭任务和类似活动可以帮助客户建立他们的优势词汇表。随着客户更好地注意和标识优势，他们通常会更轻松地使用这种方法，并且能够更好地发展自己的优势。

3. 进行评估 进行个人优势评估（Individual Strengths Assessment，ISA）或其他形式的评估。正式的优势指标，如本书后面讨论的指标，对一些客户来说，具有额外的权威性。客户通常认为其客观、合理，从而愿意进行正式评估。将评估结果作为讨论客户优势的跳板。

4. 使用客户的语言 这一点尤为重要，因为匹配客户语言有助于加强教练联盟。用客户自己的语言作出回应，这可以证明你在关注并使用其已经熟悉的术语。匹配客户语言更为复杂方面包括使用客户隐喻，并将其作为问题或建议的基础。

5. 利用客户的优势 如果标识客户的优势会导致对方反复偏离主题或否认，那么谨慎的做法是停止这种特定的策略。相反，试着跳过这个过程，只关注客户如何最好地利用这些内部资源。

> **向客户介绍优势的方法**
>
> - 通过尽早引入优势来建立教练文化。
>
> - 把劣势作为一项重点。
>
> - 将注意力转向成功，远离不必要的自我批评。
>
> - 强调优势法的科学依据和益处。
>
> - 尽可能使用客户的语言。

发展客户优势

我最喜欢教练的一个方面就是与客户合作，以最佳方式利用其优势。因为优势对我们来说是天生的，所以如果需要帮助才能更好地对其加以利用，这似乎有点违反常理。但正是在这一点上，我们看到了"我们最大的增长领域是优势而非劣势"这一概念。我们可以管理，甚至在某种程度上克服自身劣势，但这需要相当多的动机、自律和毅力。发展你的优势是很容易的，因为它本身就是有回报和激励的。这意味着，相比于对劣势的投资，对优势的投资将带来巨大收益。当然，这就带来一个非常重要的问题：我们究竟在哪里能找到机会来利用、发展自己平常未发现的优势？这个问题有多种答案。

首先，第一种方法是寻找较不明显的优势。我们每个人都有很多不同的优势。其中一些我们很清楚，这些优势定义了我们自身，我们很长时间以来可以收到利用这些优势所带来的直接反馈。然而，其他一些则并不明显，它们潜伏在我们对自己的认知之下，只会偶尔得到利用。在 CAPP，我们把这些优势称为"未实现的优势"（unrealized strengths），这些是自然增长的领域。在某种程度上，未实现的优势将是一种能力，但其作为优势常常为人所忽视，如之前提到的"孵化器"。奇怪的是，人们正是因为优势来得如此自然，而往往会怀疑自身优势。与你的客户合作，识别那些尚未实现的优势，是优势发展道路上合乎逻辑的第一步。

也许个人案例将有助于说明这一点。我的大部分专业工作涉及演讲。我在大学任教，培训教练和组织人员，发表主题演讲和阅读书籍。我的成功取决于自己在演讲中发挥自身优势的能力。幸运的是，我是一个勇敢、有趣、天生会讲故事的人。因此，当我做演讲时，我倾向于在很大程度上依赖幽默、舞台上的舒适感和故事。虽然不是每一次演讲都符合我自己的标准，但我认识到自己的成功归功于有效地利用了这些天生的优势。但是，如果我想成为一名更好的演讲者，我需要怎么做？我怎样才能得到进一步的专业成长和发展？我需要寻找那些自然的、真实的，但我目前并没有尽自己所能利用的优势。就我而言，这包括对观众参与度和兴趣的良好直觉。在很长一段时间里，我做演讲时会忽略了观众。相反，我把重点放在自己的内容上，希望其流畅、丰富、影响深刻。当我意识到自己能够时刻考虑观众的反应时（实际上是一位同事向我指出的），我的演讲质量就提高了。我第一次能够将注意力从原本的纲要（我想传达的内容）转移到观众会认为有用的内容上。我并没有照搬自己的时间框架，而是学会了专注于与观众产生共鸣的观点，这种灵活、以观众为中心的方法让我的演讲获得了更高的评价。同样，你可以先与客户合作，确定他们未实现的优势，然后看看他们如何利用这些优势实现进一步的成功。

其次，发展优势的第二种方法在于不要过度利用优势。如果未实现的优势代表未充分利用的潜力，那么我们意识到并定期利用的已实现优势就有被过度利用的危险。我们的优势往往是如此有效和充满活力，以至于我们落入陷阱，将其当作锤子，用其打击眼前的一切。许多人没有意识到，情境和优势是相互作用的，这不是他们自己的过错。还记得本章前面我把优势比作船上的帆吗？这个比喻与最佳强度使用尤其相关，因为帆需要有利的环境条件（风）来推动船前进。同样，你和客户需要在优势和所处的情境之间找到匹配点。成为一个有趣的人可能是一笔巨大的财富，但如果你正在处理一个高度情绪化的危机，这可能毫无价值。类似地，有趣和随性可能对头脑风暴会议有利，但当涉及详细的战略规划时，这实际上可能是一种负担。我们需要注意，一种优势在一个例子中带来了成功，并不一定意味着它将自动适用于不同的情况。

再举个例子，也许具体的例子将有助于说明这一点。我曾经和一个非常聪明的客户一起工作。她汲取知识就像植物吸收光一样。事实上，她渴望知识，每次学习新东西都会感到十分急切。她成批购书，订阅了一系列令人眼花缭乱的专业期刊和普通期刊。这就是她遇到麻烦的地方。我的客户必须经常为其组织的各个部门进行内部培训。她喜欢为这些培训作准备，并希望尽可能地在培训中讲到所有可能的事实。她会熬夜准备演讲。但问题是她在准备工作上花费了太多的时间，在相关书籍和期刊上花费了太多的金钱，并且在演讲中塞满了太多的信息。她的基本学习天赋转变为一种知识的堆积，当她试图将自己的学习成果传递给缺乏和她一样的事实储备的其他人时，她变得压抑。讽刺的是，为了让其优势发展上一个台阶，帮助她从这种优势中获得更多，我们努力将其水平调低。我们特别讨论了她在准备演讲时选择阅读的背景材料的数量和质量。我们讨论了限制她准备演讲的时间和她通常想要传达的信息量。重要的是，我们强调了热爱学习在她的私人生活和职业生活中的最理想的利用方式的区别。

你应该知道，对于所有的客户，在我所有的课程和培训中，减少优势、少用优势是人们最容易联系的想法之一。低估一种优势的概念非常简单，大多数人对低估优势持"我早就知道"的态度，而过度利用对人们来说通常更有吸引力。正是这一点上，他们可能需要最多的支持，也应该最投入，能实现最为快速的增长（见图2-3）。

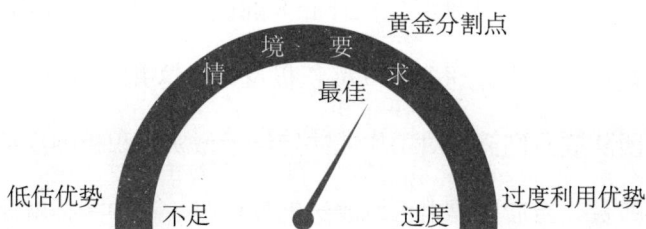

图 2-3　将优势与情境相匹配

57

组织中的优势

到目前为止，我们已经将优势作为一般主题进行了讨论，并提出了一些建议，这些建议可能对广泛的教练、咨询和指导关系有用。还有其他更具体的方式可以让优势尤其适合组织环境。

首先，组织本身可以是基于优势的组织。这本质上意味着组织的文化本身就是围绕着一般优势概念，特别是为特定人员的优势而构建的。在 CAPP，我们为自己是一个基于优势的组织而感到自豪，我们参与了诸多促进优势文化的活动。例如，每个在 CAPP 工作的人都会画一幅他们的"优势漫画"。这些漫画展示了我们可以从同事身上看到的一个或多个优点。如图 2-4 所示，我的同事里纳的漫画表现出他有着强烈的正义感，愿意为失败者挺身而出。这些漫画镶有边框，挂在 CAPP 办公室的一面墙上。这是一个持续、公开的提醒，说明团队的每个成员都会给组织带来一些优势。其他公司以其他方式提供基于优势的认可。例如，如果你有机会在盖洛普组织的大厅闲逛，你会注意到办公室门上的标语牌不仅包含此人的姓名，还包含他们的优势列表。还有一个策略是面对面地进行 360 秒积极反馈。这并不意味着虚假的赞扬，而是意味着团队成员们努力对工作或决定给予诚实、积极的反馈，这些反馈有益且值得赞赏。当需要提出可以改进的建议时，这种赞扬就让批评更容易被接受。集思广益挖掘优势，可以让一个机构成为更具活力和生产力的工作场所。

是的，他又大又坏。但实际上他并没有吃掉小猪！

图 2-4　里纳的优势漫画

其次，创建基于优势的组织，还有一个关注点是通过优势进行招聘。传统观点认为，有效地安排人员是一个将技能和经验与职位空缺相匹配的问题。尽管这种方法具有明显的吸引力和优点，但其并未帮助你完全了解潜在员工的全部潜力。知道一个潜在的员工在客服中心有多年的工作经验，可能会告诉你他的能力、可靠性，甚至与他人相处的能力。但这很少告诉你他的兴趣、热情和参与度。后面这些品质，对生产力和人员变动都是至关重要的。招聘人员可以询问潜在员工与他们的优势有关的问题，这通常会带来不同类型的信息和更生动、更积极的面试过程。CAPP 与英国最大的保险公司诺维奇联合保险公司（Norwich Union）合作，开发了一个基于优势的招聘项目。诺维奇并没有针对特定的技能或过去的经验，例如在客服中心工作的时间，而是利用某些优势制作广告。其中一个叫作"倾听者"，以一位名为乔的女士为主角。广告中是这样说的："电话一响，乔就进入了自己的世界。客户喜欢她，因为她冷静、善解人意、令人愉快。她知道该问什么问题，更重要的是，她知道如何处理问题。在保险索赔的世界里，她是倾听者。"在这里，重点已经从可以获得的技能转移到更自然的核心优势和人格特征。诺维奇的招聘进展如何？在基于优势招聘策略的工作场所，员工敬业度显著提高，管理者的绩效评分更高，员工流失率在前 4 个月减半！

为什么优势招聘法会如此成功？一种可能性是，今天的工作场所正在以比历史上任何时候都更快的速度变化。几个世纪以前，一个铁匠的助手得到肯定之后，他的工作条件不会有任何改善，年复一年。现代工作场所要求员工定期更新计算机技能和其他技能，而地理流动性和社会流动性的增加意味着他们还需要定期适应新的团队成员、办公室和主管。如果技能能让你洞察过去所做的事情，那么优势则能让你窥见在不可预见的未来你可能会做些什么。另一种可能性是，优势招聘流程本身可以更好地剔除那些可能无法胜任工作的人，而选择那些非常适合这份工作的人。诺维奇工会的一些面试逸事证据表明，情况就是这样。例如，一位参与面试的员工说："面试进行到一半时，我意识到这份工作不适合我。我没有合适的优势，奇怪的是，我觉得这没关系。"另一个人说："这次面试是我经历过的最有趣、最愉快的面试之一。我能够做我自己。"最后，一位招聘人员说："我觉得我对这个人的了解比对以前任何一位候选人的了解都要深入。"

在组织环境中，另一个优势可以发挥重要作用的领域是基于优势的管理。你可能记得盖洛普的统计数据表明高层管理者非常注重优势。基于优势的管理要求主管意识到自己的优势和局限性，重视识别和发展与之一起工作的伙伴的优势，以及这样做的能力。马库斯·白金汉（Marcus Buckingham）撰写了大量基于优势管理的文章，并提出了两个原因，说明为什么这不是一种更常见的策略。首先，它往往与现有的组织文化和协议不一致。其次，这是一项工作量巨大的工作！为了让管理者专注于优势，他们必须将其管理策略和互动个性化，以适应每个员工的特殊性格。通常，繁重的工作量和时间压力会阻碍管理者采用个性化关注，转而采用"一刀切"的方法。使用正式的测量标准来确定员工的优势，拥有一个像 CAPP 漫画那样的公共系统来记住这些优势，并花时间与员工一起帮其将自身优势与项目相匹配，这些都是有价值的策略。如果你是一名高级教练，你可能希望与客户从小处做起，通过一个小变化来试水，而非努力立即彻底改变他们的管理风格。让员工反馈和生产力来指导这个流程。

　　组织中最后一个与优势尤其相关的方面是再就业。在我写这一章的时候，世界正在经历一场经济衰退，这场衰退导致冰岛等地的银行倒闭，使美国等地的失业率激增。不幸的是，全球许多大公司正被迫裁员。裁员虽然对组织的长期健康来说是必要的，但对被解雇的员工和被迫作出艰难决定并发布坏消息的主管来说都是艰难的。优势方法有助于增强那些留在工作场所的人的活力，为管理者提供恢复能力的途径，也可以在员工的再就业安置中起作用。作为一名教练，在当前的工作和经济环境下，你可能不得不面对"再就业安置"这一"黑暗幽灵"。幸运的是，利用优势的头脑风暴方式是有效处理这种不愉快情况的一种可能方式。

结论

　　总的来说，优势提供了一种方法，让我们可以通过做最小的事情来产生最大的差异。优势是客户拥有的天然资源和有巨大发展空间的潜在领域。与你的客户合作，标识、发现和发展优势，是提升活力、效率、生产力和意义感的一种有效方式。

POSITIVE
PSYCHOLOGY
COACHING

2007年，我去了印度加尔各答的贫民窟，因为一个看似不太可能的原因：我有兴趣采访世界上最贫穷的人。我有一种预感，在这些看似贫穷、肮脏的地方，隐藏着人类的智慧、善良和灵感。一天早上，我参观了一个非法的贫民窟定居点，旁边有一个大的积水池。这些房子是用竹子、茅草和报纸建造的。这些居住者一直生活在警察骚扰和强迫驱逐的威胁之下。在这个贫民窟里，我遇到了一个可爱的10岁女孩，名叫普塔尔。普塔尔给我讲了一个可怕的故事：一天晚上她掉进了污水坑里，差点淹死。后来，她被紧急送往医院，在那里她康复了。我很难理解普塔尔的日常生活是什么样的。最后，我想到了要问的问题："普塔尔，你真正擅长什么？其他人怎样称赞你？你会因为什么感到骄傲？"她用孩子的方式回答了我。"我跑步很快。"她说。

我喜欢和孩子们开玩笑，所以逗了她一下。"你觉得你比我快吗？"我问。

"我绝对比你快！"她信心满满地说。

"你不可能比我快，"我抗议道，"我已经是大人了。你只是个小女孩！"

"那我们比赛看看吧。"普塔尔说。

说完，我们离开了她家狭小的房间，走到街上。比赛的消息像火一样在贫民窟里蔓延开来，很快就有数百人加入了围观队伍，他们站在路边，有人封锁了交通，还有人指定一辆停在远处的出租车作为我们的终点线。我们从出发点开始向前冲，我想自己必须小心，以免伤害普塔尔的自尊心。问题是普塔尔的速度异常快！她从我身边飞一样跑过，我努力追赶。突然，我开始担心我自己的自尊心了！我尽可能快跑，但我很难与普塔尔并驾齐驱。然后，当我们接近出租车时，她又获得了一些未知的能量，认真地加快了速度，把我远远甩在了后面。整个贫民窟，包括她的朋友、家人、邻居、当地的小贩，甚至我自己的翻译员都爆发出欢呼声。普塔尔走过来和我握手，脸上绽放出灿烂的笑容。我几乎喘不过气来。

普塔尔的故事往往让人们的脸上露出笑容。这是一个如此多层面的好故事，看到一个孩子取得成功是令人高兴的，看到一个自大的成年人败下阵来是很有意义的。这是一个鼓舞人心的故事，在这个故事中，一个贫困的女孩与一个比她优越得多的人获得了平等的地位。普塔尔的故事也说明了一些重要的跨文化经验。无论社会、经济还是文化背景如何，人们都喜欢新奇事物，喜欢挑战，喜欢成功，所有这些都会让我们的脸上露出笑容。事实证明，幸福是日常生活的重要组成部分。在土耳其、巴西和伊朗等不同地方参加心理调查的人均认为幸福是人生最值得追求的目标之一。这甚至和坠入爱河一样重要！研究还表明，大多数人在大多数时候都有适度的幸福感。特别是在西方社会，对幸福的追求就像减肥一样，已经成为一种自我完善式的痴迷。事实上，你甚至可以认为幸福是"底线以下的一条线"。也就是说，尽管人们喜欢赚钱、赢得比赛和度假，但他们做这些事情的最终原因是自己可以获得幸福感。

幸福感是教练中的一个至关重要但经常被忽视的方面。客户积极性（positivity）会直接转化为更高的创造力（非常适合头脑风暴解决方案）、更多的好奇心和对世界的兴趣（非常适合展望愿景）、更好的健康水平（非常适合一切）、更好的社会关系（非常适合工作和家庭）和乐观主义（非常适合培养毅力）。在某种程度上，你可以在教练会谈中培养积极性，为你的客户达到最佳状态奠定基础。更重要的是，积极的教练很重要。

幸福是流动的

当大多数人想到幸福时，他们想到的是情感上的愉悦。对大多数人来说，幸福是一种感觉良好的结果。幸福是人生竞赛中的情感终点线，这是一个常识。你找到了合适的工作，住在合适的城市，有了合适的配偶，找到了合适的停车位，你最终会感到幸福。也就是说，生活中首先会发生一些事情，然后是美好的情感结果。有趣的是，积极心理学的最新研究表明，反过来也是正确的：你每天都会自然获得幸福感，你可以把这些精力和能量用在工作、配偶和其他你关心的方面。没错！幸福是流动的，就像股票等货币工具是流动的一样。人类是建立在包括幸福在内的情感系统上的，而幸福是用来"消费"的。它是一种情感货币，可以像金钱一样花在你真正重视的生活成果上，比如你的健康、人际关系和工作上的成功。

这一想法的基础主要来自北卡罗来纳大学教堂山分校（University of North Carolin-Chapel Hill）研究员芭芭拉·弗雷德里克森（Barbara Fredrickson）的研究和理论。弗雷德里克森注意到，几十年前的一小部分研究表明，让人们保持积极情绪往往会产生有趣的结果。如果人们自发地在电话亭找到（研究人员藏在那里的）钱，那么他们更有可能帮助需要帮助的陌生人（实际上是与研究人员合作的演员）。同样，给医生送一小份巧克力也有助于他们更好地诊断。弗雷德里克森意识到积极的情绪实际上可能是有用的，也是令人感觉良好的。从这一认识中，她发展了积极情绪的拓展与建构理论（Broaden and Build Theory）。简而言之，拓展与建构理论表明情绪是有功能的。消极情绪会限制我们的思想和行为，帮助我们在有压力或危险的时候采取更果断的行动。相反，积极情绪有助于扩展（拓宽和建立）我们的社会、身体和认知资源。也就是说，当你心情好的时候，你会变得更好奇、更善于交际、更有创造力、更健康。你的免疫系统工作得更好，你的心血管系统会得到提升，你会更好地解决问题，并能在艰难的任务中表现得更加坚韧不拔。

这一理论的研究证据丰富。弗雷德里克森本人有许多研究表明了积极运动的拓展与建构的影响。例如，在一项研究中，工作的男性和女性进行了简短的日常冥想练习，这让他们产生了更多积极的情绪。反过来，这些情绪会带来更多的自我接纳，从他人那里获得更多的社会支持，感受到更多的目标感和对生活的掌控感，以及更少的疾病症状。同样，有初步证据表明，特定的神经化学物质（被有趣地命名为 HVA 和 5-HIAA）可能与积极情绪有关，让人更好地应对和增加对他人的信任，反之亦然，形成积极性的"螺旋上升"。积极情绪益处的进一步证据来自索尼娅·柳博米尔斯基及其同事的一项大型元分析研究。他们在调查的所有研究中，发现了一系列令人震惊的幸福的切实好处。更重要的是，这些好处中有许多是感觉快乐的直接结果，而不是其他事情的结果。请看一下积极性的益处（Lyubomirsky et al.，2005），看看这些是不是你的客户可能感兴趣的结果。

积极性的益处
● 工作中更低的离职率
● 更好的客户服务报告
● 更好的主管评估
● 更低的情绪耗竭
● 更高的工作满意度
● 更好的组织行为
● 更少的缺勤
● 更少的急诊室和医院就诊次数
● 更高的社交俱乐部参与度
● 更多的志愿服务
● 被他人认为更友善、更自信
● 更高的年薪
● 更长的寿命
● 更少的致命交通事故
● 更少的酒精或其他药物滥用发生率

- 更快的康复速度

- 更有可能被评为值得加薪的人

- 具有更多的创造性

- 更有可能通过合作解决冲突

- 更强的动机

- 更高的决策效率

- 更强的创造性思维

- 更强的对他人的包容心

旧的积极心理学故事

如果积极性非常好，而且数据准确表明这是一个合乎逻辑的步骤，那么下一步就是明确如何确切地提升客户的良好感受，以及如何利用这些来获得客户在工作和生活中想要的结果。每天的互动和常识告诉我们，我们可以做一些简单的事情，比如微笑和与他人开玩笑，这将提升人们的情绪。但是，告诉人们多微笑或多开玩笑并没有多大吸引力。如果你向组织领导提出的建议仅仅是"努力在工作场所促进幽默"，那么你肯定不会有任何进展。有眼光的客户、经理和这本书的读者肯定会想要更复杂的内容。好消息是，积极心理学家已经投入了大约 10 年的研究时间来确定将提高积极性的干预措施。现在我们有了坚实的研究基础来支持一些活动作为幸福促进剂的有效性。更重要的是，甚至有一些聪明的新方法可以加入、参与这些活动。比如，有一些颇具前景的新网站，这些网站允许订阅者便捷访问并在线提醒其参与幸福干预。坏消息是，尽管我们已经取得了进展，但这些干预措施仍然非常初级。手机应用程序的便捷性很吸引人，但也会让那些想认真处理商业事务的领导者感到不快。这虽然有效，但当前的积极干预措施往往没有考虑到个体差异或工作环境。以下是一个示例。

如果你对积极心理学略知一二，那么你肯定听说过"感恩练习"（gratitude exercise）。参与干预的人被要求每天记录 3 件自己感恩的事情。他们可以在早上或晚上做这个练习，我们鼓励他们每天这样做，并将事项保持在 3 个。多项研究结果表明，这项活动在许多幸福指标上都能提升幸福感。基于这些研究的力量，这项活动实际上已经成为我们积极心理学家最有力的工具。博客、报纸文章、教练网站和自助书籍都提到了这项简单而有力的活动。他们大多数人没有讨论的是这项活动产生的问题。每年在波特兰州立大学（Portland State University）的积极心理学课程中，我都会给学生布置感恩练习。每年，80%～85% 的学生表示，在他们参与活动的一周里，这提升了他们的情绪。尽管取得了明显的进步，但只有 10～15 名学生报告说，即使在几周后，他们仍然保持着感恩的习惯，期末考试期间的坚持人数就更少了！这种有效的练习没有成为习惯，人们继续这样做的积极性不够高，这在情感上不够引起共鸣或不够愉快。研究人员索尼娅·柳博米尔斯基明智地提醒她的读者，这些类型的干预措施并非一刀切，而是需要进行调整，以实现最佳的效果。如果你想象一下，在一个工作场所，这项工作将由有敏锐眼光的领导审查，那么这会很有意义。

在一个竞争日益激烈、客户越来越老练的世界里，我们必须做得比感恩练习更好。一个合乎逻辑的步骤就是修改感恩练习，改变语言和实践，使其更符合客户或组织的价值。在某种程度上，企业已经通过赏识计划做到了这一点，例如表彰当月最佳员工或选出顶级销售代表。这是迈向盖洛普组织的汤姆·拉思所说的"认可差距"的良好开端。在一次民意调查中，65%的美国员工表示，他们在上一年的良好工作表现没有得到任何认可或赞扬。拉思建议将"揭示什么是对的"作为一种有利于组织的认可形式。这可以通过识别绩效来实现，如月度员工计划；或采用识别优势的形式，如前一章所述；也可以是赞美和感恩。作为一名教练，你可以与你的客户合作，培养新的习惯，让他们关注并感恩工作日的顺利进展、他人的优点或他们得到支持和帮助的事情。也许比仅仅意识到这些美好时刻更重要的是传递一句感谢之词，无论是在桌子抽屉里放一小摞感谢卡，还是在饮水机旁偶遇时花时间感谢一下同事。

活动：感恩的新视角

想一下感恩如何与积极情绪联系在一起，以及这对客户有多大益处。与你的客户合作，抽出5分钟的时间来反思一天中进展顺利的情况。考虑以下问题：谁促成了今天最大的成功？谁挺身而出？谁采取了主动？谁提供了支持？这些人是如何被感谢的？当你想到这些事情时，你会有什么感觉？这让你想做什么？

你可能还想把重点放在与客户相关的感恩上。试着问一下：今天谁对你表达了感谢？当你收到感谢的时候感觉如何？试着想象那一刻。你还想因什么而收到感谢？

虽然我个人熟悉的研究表明，培养和表达感激之情可以提升幸福感，但这些类型的活动从来都不适合我。老实说，我不经常写感恩日记，而且我很容易忘记反思一天中最好的时刻。正如每一次积极性增强练习一样，感恩需要付出一点努力，但我发现随着时间推移，这种努力很难维持。我可能只是懒惰，但还是怀疑你们的许多客户也会一样。这就是为什么我建议花时间确保活动与客户相匹配。对于一天结束时会进行5分钟反思的客户来说，一起进行愿景、品味和感恩练习会是一种自然适合的选择；而对于那些一两周后就会放弃这个习惯的客户来说，这又是另一回事。对于后一组（包括我在内）来说，值得注意的是，偶尔进行这些练习可能仍有好处。事实上，这是研究结果隐藏的一面，很少有人谈论：心理学家往往不会在几个月的时间里测试感恩练习作为一种干预手段的效果。为了方便起见，他们倾向于将活动安排在一到两周内，并且这样的安排仍然表现出积极的结果。这意味着偶尔练习感恩也是有益的。

新的积极心理学故事

作为一种一次性活动，比起感恩练习，我更喜欢一种经验支持的积极心理学干预，即最佳的自我活动。这是一项简单的活动，要求人们想象自己的未来，想象自己在生活中实现了大部分想要做的事情，思考如何作出正确决定，并设想自己想要的生活。它往往会给大多数人带来一点激励。在某种程度上，这项活动之所以有效，是因其将注意力集中在好的方面和可能的方面。积极心理学家劳拉·金（Laura King）对最佳的自我活动进行了研究，研究表明，简单地写下关于发挥潜力的意识流想法是一种心理补品，这可以显著提高个人幸福感。在某种程度上，它之所以有效，是因其为即时工作设定了目标。它不仅仅是白日做梦或以不现实的方式幻想，它确定了根深蒂固的价值，并提出了个人发展议程。我最喜欢这个练习的一点是，它广泛适用于所有类型的客户。想象一个在董事会会议室或在客厅的积极未来自我都是一样合适的。它对高管客户和生活教练客户都十分有用。有趣的是，许多人已经独立地认识到，这种特殊的锻炼对于增加积极情绪、产生个人变化和带来理想的工作结果特别有效。因此，有许多模型和干预措施出现了，每一种都更简单化（但有效），例如感恩练习等活动。

个体变化理论

20 世纪 80 年代末，人们对企业管理毕业生有一种刻板的看法，认为他们过于注重分析，不能在集体中工作，思维有点狭隘。当然，这是在情商训练全盛时期之前。当时，许多相关课程都非常传统，强调通过讲座和其他传统教学方法单向传递知识。凯斯西储大学（Case Western Reserve University）的研究员理查德·博亚茨（Richard Boyatzis）及其同事决定重新审视一下他们的课程和教学方法，以努力提高其课程和毕业生的质量。他们采用 360°方法，对学生的各种商业相关能力和知识进行评估，如说服力、人际网络、书面沟通等。教师获得了学生自我评估、同行报告和 38 个不同主题的正式评估，并将其作为新课程的第一步。该课程围绕着接收有关绩效和能力的反馈、设计个性化学习目标和实现目标的计划，以及建立积极的同辈群体展开。课程进行得怎么样？学生们对这门课程的评价一直很高，选课人数增加了15%，教员们普遍支持并对正在进行的改革充满热情。

更重要的是，管理培训思维的这种转变带来了什么：个体变化理论（Individual Change Theory）。这个早期教育项目激发了博亚茨对个人如何作出改变的思考。他开始思考课程的反馈因素，并专门花费时间在梦想和展望更美好的个人未来的背景下，考虑评估当前的能力和表现。最终，他得出了这样一个观点：理想自我（ideal self），即一个人渴望成为的类型或一个人希望在生活中完成的事情的愿景类型，是个人有意改变的根本驱动力。情感——尤其是积极情感——是个体变化理论的核心。博亚茨认为，花时间评估一个人的理想自我会激活一系列积极的情绪，反过来，这些情绪又会激励人们作出并维持个人改变。博亚茨和昂科威（Akrivou）在 2006 年的一篇文章中写道：

> 积极的情感提高了复杂决策的彻底性、效率和灵活性，并影响了一个人根据一系列标准评估进展的标准感。此外，它促进了思维途径的质量和数量，这似乎促进了执行功能的一个方面，即有效适应新信息，并根据新信息进行新的问题解决工作的能力。

理想自我

我们每个人都有梦想，那就是达到最佳状态或发挥潜力。这些理想的愿景激发了我们的激情、价值和成就感。虽然听起来很傻，但在私人时间，我有时会假装自己因为做了特别好的演讲或培训而接受电台采访。这是一种情感上有益的消遣，有助于增强对自己能力的信念，并激励自己达到新的高度。事实上，这个理想自我表达得越清楚，我就越能确切地说明自己想要完成什么，以及自己认为有能力作出的决定和互动的类型，我感觉越好，就会变得越有动力。同样地，你和你的客户也可以有意识和潜意识地描绘出希望在未来 1 年、5 年或 10 年里成为的现实类型的人。帮助你的客户清楚地表达这一愿景，可以极大地激发他们的能量，并激励其作出积极的个人改变。

然而，需要注意的是，理想自我不同于所谓的"应该"自我（"ought" self）。也就是说，理想自我是从一个人内部涌出的，描述其自己可能的感受或价值。而一个人应该做什么这一观念通常是外在的，是别人强加的。问题在于很难把"应该"与"理想"分开。在某种程度上，我们每个人都有自己的家庭、社会和组织价值。我们都经历过来自个人热情与外部义务的内部冲突带来的矛盾心理。作为教练或导师，有时你必须与他人合作，通过帮助客户进一步整合或忽视外部价值来缓解这种紧张关系。

> **活动：创造理想自我**
>
> 想象一下你自己的未来，这可能是在不久的将来或几年后。想象一下，在未来，你从生活中获得了许多你想要的东西，完成了许多你向往的事情。

75

用几分钟的时间来真正想象一下你会是什么样的人，你的生活会是什么样的。想象一下你将住在哪里，在哪里工作。想象一下你的通勤情况如何，你的健康情况如何，你的友谊情况又是如何。想象一下你拥有的技能和成长的机会。想象一下你作出的决定的类型和你所实现的目标。

1. 描述一下你会住在哪里：

2. 在你想要实现的生活安排和环境中，你看重什么？

3. 你对未来生活安排的愿景在多大程度上是内部因素或外部因素和其他人价值的产物？

1·········2·········3·········4·········5

     完全是   完全是

我自己的价值和选择   外部价值和选择

4. 描述你的工作生活：你的通勤、办公室、职位、将从事的工作类型：

5. 在这个理想的未来，你希望在工作中取得什么样的价值？

6. 你对未来工作的愿景在多大程度上是内部因素或外部因素和其他

   人价值的产物？

   1············2············3············4············5

   完全是　　　　　　　　　　　　完全是

   我自己的价值和选择　　　　　　外部价值和选择

积极影响

简而言之，人类有两个动机系统：一个用于抑制，另一个用于激活。一个让我们探索和冒险，另一个让我们退缩和撤退。博亚茨认为，类似地，我们有两个一般趋势，他将其分别称为积极情绪吸引物（positive emotional attractor，PEA）和消极情绪吸引物（negative emotional attractor，NEA）。当事情进展顺利时，我们往往会变得更有趣、更自然，并拓宽和建立我们的个人资源。这就是理想自我出现的地方，为我们的能量提供了一个有吸引力的想象目标。然而，我们经常面临紧迫的问题和紧迫的决定，这些问题和决定会让我们情绪低落或迫使我们立即采取行动。这些都是消极的情绪吸引因素。这就是为何博亚茨的理论不仅优秀，而且优雅，这表明两者都是现实的、有益的，作为一个动态系统一起运作。有时，紧张的情况要求我们全力以赴、表现出色，而在其他时候，我们却可以奢侈地展望梦想。评估你的现实情况——"真实的你"与"理想的你"形成对比，可以为个人改变过程提供至关重要的反馈。真实与理想的对比可以照亮发展的领域、规划的可能性，并揭示深层次的价值。

然而，请注意，当你与客户合作时，这种策略有时会适得其反。每隔一段时间，我都会遇到一些人在教练中审视自己目前的情况以及他们想要达成的状态，离开时感到沮丧，而不是受到鼓舞。通常，这种下意识的情绪反应可以通过将人们的注意力转移到构成理想自我基础的价值、过去的成就和目标上来轻松克服。你可能还想与你的客户合作，选择理想自我中可以实现的特定元素，开始关注提升积极性。

尽管这一过程听起来很简单，愿景也只是一种常见的教练练习，但令人惊讶的是，我们有时很少对理想自我及其动机后果加以利用。值得注意的是，我们很少关注积极情绪在变革过程中所起的重要作用，这有助于我们利用当前的情绪来承担风险和尝试新行为。事实上，在这里，作为教练或导师，你可以提供特别的帮助。在一篇关于领导力发展的文章中，博亚茨写道：

> 为了尝试新的行为，一个人通常需要一种许可，以摆脱旧习惯，尝试新的习惯。此许可通常来自与受信任的其他人的互动。客户或学生必须在 PEA 上花费足够的时间，为他们花在 NEA 上的时间和适应压力作好准备。通过这种方式，顾问、教练或教员同时是啦啦队（主要是积极的）、引导者（意识到个人的状态和进步）和煽动者（在适当的时候推动、拉动、说服客户或学生进入 PEA 或 NEA）。

聪明的读者可能会注意到，个体变化理论与欣赏式探询的群体导向积极心理干预之间存在相似之处。欣赏式探询的创始人戴维·库珀里德（David Cooperrider）是博亚茨在凯斯西储大学的同事。欣赏式探询要求团队识别个人优势，然后想象并设计一个更理想的未来，这是一个利用积极性来帮助人们改变的极好的干预例子。事实上，有很多可能的变化，通过这些变化，你可以使用愿景、目标和理想，在你的客户身上激起一阵积极的感觉，从而帮助、引导他们走向自己寻求的成长。

针对理想自我的教练问题

- 理想自我的表达能力如何？

- 实现理想自我对你来说有多重要？

- 你打算什么时候作出与实现理想自我相关的改变？

- 你有哪些资源和机会可以帮助你实现理想自我？

- 你预计会遇到哪些障碍？这些如何成为发展过程的一部分？

- 哪些因素影响了你对理想自我的看法？

- 你的理想自我的价值有多内在（相对于外在）？

- 什么人（无论是否在世）与你的理想自我最为相似？

- 说出一个你可以改变的小行为，作为迈向理想自我的第一步。

- 你如何规划自己向理想自我的发展？

投射的最好自我

投射的最好自我（the reflected best self）是哈佛大学（Harvard University）商学院和密歇根大学（University of Michigan）的研究人员开发的一种投射

取向的干预。在这项练习中，参与者通过奖励有效的行为和激励积极的行为，收到关于自己处于最佳状态而非最差状态的反馈。让那些非常了解你、知道你的能力、了解你最闪光的时刻的人来反馈你的最好自我，这是一种非常积极的体验。投射的最好自我练习尤其关注当你运用自己的最佳属性（你的优势），当你的行为对你来说是一种积极的体验，并且当你为他人创造一种建设性体验时的三位一体表现。这项练习的具体指导可以在密歇根大学积极管理研究中心网站上找到。就像个体改变理论中的理想自我一样，投射的最好自我利用积极性推动动机、行动和个人改变。

然而，与理想自我不同的是，投射的最好自我是衡量自己是否处于最佳现实状态的尺度。这里强调的是你可能会实现什么，但不是着眼于一个幻想的未来，投射的最好自我会将人们指向已经实现的目标。根据这个模型，个人发展更多的是体现那些最重要的时刻，而不是从你自己变成另一个人。我发现我的客户在这方面和我一样，他们被这样的想法所吸引：他们已经有良好的人品，已经相当有能力，并且已经有所成就。但诀窍不是要表现出更耀眼的特质，而是要尽可能地保持最佳状态。

幸运的是，对于教练来说，有很多方法可以帮助你的客户做到这一点。在推荐的练习中，我最喜欢的是"投射的最好自我"模型中的"创建个人愿景（或使命）宣言"。乍一看，这似乎不是一个令人震惊的顿悟时刻。确定个人价值一直是教练的主要技术。偶尔我们需要强调一下这些基本技术，因为它们很容易被忽视。例如，你最后一次抽出一个小时写下自己的个人愿景宣言是在什么时候？我经历过使命宣言完全脱离我的专业技能的时期，几个月后我才又重新想起它。当我与客户合作时，无论他们是管理者、学生、治疗师还是寻找新工作的人，他们在完成使命宣言过程后往往会精力充沛。我在教练会谈中使用了这个方法，将活动作为家庭作业分配，并以研讨会的形式与小组一起对其加以利用。以下内容正是我帮助撰写使命宣言的方式。

使命宣言写作快速指南

第一步：列出核心价值。我首先向客户或研讨会参与者介绍美捷步（Zappos）网站，这是全球最大的在线鞋类销售平台。你可能熟悉这一故事：一位年轻、充满活力的首席执行官谢家华（Tony Hsieh）利用创造力和积极性，创设了一种有趣、高效、精通客户服务的工作文化，仅仅 8 年后，他的公司销售额就从 2000 年的 160 万美元猛增到了 10 亿美元（在这个过程中，他们还做了员工的 T 恤，上面写着"我的公司一天的销售额就有 500 万美元，而我得到的只有这件糟糕的 T 恤"）。该公司对其员工敬业度和提供高端客户服务的能力充满信心，因此它向任何退出为期 4 周的入门培训计划的人提供 2 000 美元的奖励，并出版了一本 500 页的印有来自员工、管理者和供应商的赞美之词的书。我会向我的客户和研讨会参与者介绍这个古怪却又充满活力且有趣的年轻组织，因为它非常鼓舞人心，往往会激发积极的情绪。

我强烈建议你去美捷步网站了解一下这家公司的历史和文化。点击主页底部的"关于我们"链接，在此，你可以找到有关该品牌的各种链接，包括大量视频、媒体报道、推荐信和该公司的核心价值。这也是我选择美捷步作为使命宣言活动的出发点的另一个原因：他们不同寻常的核心价值值得了解。它们包括积极但更传统的价值，如"拥抱并推动变革"和"追求发展和学习"。它们还包括一些突出的价值，如"谦逊"和"创造乐趣和一点古怪"。为了了解这些价值在日常工作中是如何发挥作用的，你只需要看看财务部定期举办的"随机慈善游行"。你也可以想想谢家华著名的"比萨故事"：一天晚上，他和朋友回到酒店，发现客房服务已经停止了。谢家华开玩笑地建议他们打电话给公司客服点单，他们确实这样做了。虽然他们是一家网上鞋店，但接听电话的客服人员为他们整理了一份当地比萨外卖店的名单。这就是客户服务！你可以观看相关视频，让自己从这家公司的成功中获得灵感。注意：你可能有一家比美捷步更激励你的公司或慈善机构，只要它能直接提升积极性，并为谈论你的价值奠定基础，就可以加以利用。

我将美捷步的核心价值作为一种有趣的方式，向人们介绍列出他们自己的基本指导原则的想法。我让人们从写下自己的核心价值开始，不用太担心它们是否完美、是否重复，或者是否是一个详尽的列表。我推荐你列出2~5个价值。

第二步：我让人们反思自己的优势。通常，我首先向他们展示VIA列出的24项优势，让其选择一些个人描述性的优势，但我也会与他们讨论其他优势。当时间和环境允许时，我让他们采取"Realise 2优势"测量。当我在小组中工作时，我会通过询问他们期待不久的将来会发生什么来帮其确定优势，这是我在前一章中讨论过的一项活动。我鼓励他们写下他们常用的2~5个优点。

第三步：我让他们重新审视自己的价值。有很多方法可以做到这一点，但我通常会问他们这样的问题："你最自豪的成就是什么？""你希望你能给世界留下些什么？""你什么时候处于最佳状态？"虽然这些问题大体上涉及我们已经涵盖的领域，但我想把他们从反思模式引导到行动模式。为了做到这一点，我让他们自由写作几分钟，并总是提醒他们这些问题没有正确或错误的答案。

第四步：完善使命宣言。到目前为止，你收集到的是你客户的价值＋他们的优势＋他们的行动价值。这将是他们使命宣言的基础。让他们寻找主题上的相似之处，那些不断出现的东西。对于许多人来说，"帮助他人"这一主题出现了，但人们往往很难看到这一共同价值如何在不同的个人身上表现出不同的样子。例如，一些人说他们想要支持和帮助家庭成员，一些人想要照亮朋友的生活，还有一些人致力于帮助遥远国度的陌生人。当我的客户准备好实际解决问题时，我鼓励他们采用两段式的使命宣言。第一段应是个人描述，描述个人价值。第二段应具体说明如何将这些价值发挥作用。

因此，举个例子，我自己的陈述可能是：

第一段（描述核心价值）：我看重成长。我对自己的终身学习感兴趣，也对培养任何年龄或背景的其他人的类似发展感兴趣。我相信，向他人提供帮助将让世界变得更美好，因为这将直接导致人们的进化和更好的关系。

第二段（更具体地说，即我希望如何传递第一段中的价值）：

积极对个人成长至关重要。我将使用幽默和叙事来创造一个支持性的、非威胁性的、广阔的环境，让人们在其中成长。我将利用自己作为教师、导师、教练、研究人员和作家的角色，为其他人提供成长的平台。我也知道，当我帮助别人发挥其潜力时，我成长得最快。

就是这么简单。大多数人结束这段体验时都会感觉到以自我为中心、充满活力、专注且充满希望。现在是故障排除部分：人们在开始实际的写作过程之前通常会僵住。这通常是因为他们希望自己的宣言完美或包罗万象。作为一名教练，你可能需要在这一阶段引导他们、支持他们，告诉他们这类似于临终遗嘱，这是一份灵活的文件，应该偶尔重新审视和修改（我建议在他们生日的第二天做这件事）。所以，不要担心它出现小错误或不是一个完美的成品，总是有修订的。

最好的自我，还是更好的自我？

最后，我想提及第三个练习，它与评估一个人的自我有关，它将积极情绪作为核心元素。在前两个模型中，理想自我和投射的最好自我强调的是提升积极的情绪能量，并用其来激励人们走向成长和改变。有趣的是，退一步讲，这些类型的练习是被描述为与最好的可能自我有关更好，还是描述为与更好的可能自我有关更好？一方面，它们是要比目前更好，另一方面，它们往往包含一个隐藏的假设，即个人发展有一个终点。虽然我确信，如果被施压，每个人都会同意发展是一个动态过程，个人卓越是一个动态的目标，但我也相信，人们陷入将发展目标视为固定目标的陷阱是很常见的。这在广泛使用的满意度测量中很容易看出。

许多教练通过评估潜在工作领域和潜在优势领域，为客户提供某种类型的满意度测量。这些测量有时用转盘形式表示，如"生命转盘"（wheel of life）；有时表示为用数值选择作答的传统书面量表。它们有时会处理一般生活问题，如对关系或健康的满意度；有时会关注工作问题，如销售业绩或团队沟通。

不管具体的格式如何，这些测量通常都是通过让客户分配一个较低的数字（如 0 或 1）来表示非常低的满意度，而较高的数字（如 9 或 10）表示非常高的满意度。在这些指标中包含了一个关于理想自我的假设。真实的自我是当前的满意度分数，理想的自我是 10 分。教练过程是关于如何从当前分数向上进步到理想 10 分的讨论。许多教练通过提问来促进这一过程，例如"你需要什么才能从 5 分提高到 5.5 分或 6 分？"这是一种经过时间考验的教练干预措施，往往是有效的，因为它减少了投资，转化为客户认为可以很快完成的小步骤。

关于满意度的新研究表明，这种传统干预有一种有趣的新思路。近年来，积极心理学最有趣的发现之一是最佳幸福感（optimal happiness）的概念。也就是说，尽管幸福感普遍有益，但现在的数据表明，幸福感过多也可能是件坏事。然而，这只适用于以成就为导向的领域，那些领域以赚钱或取得好成绩作为表现的基准。对于社交领域，比如你对婚姻的满意度，你似乎可以并且希望完全拥有世界上所有的幸福，这不会对你产生任何有害影响。在一项研究中，来自 33 个不同国家的人在生活满意度方面的得分是 8 分（满分为 10 分），他们比那些得分为 9 分或 10 分的更满意的人，赚的钱要多得多！同样，在另一项研究中，在生活满意度方面得分为 8 分的大学生平均成绩更好，对学业更为认真，课堂出勤次数也更多。一般来说，那些满意度高但并不完全满意的人会更加努力，他们更加努力地工作，从而获得更多的回报。虽然他们对生活很满意，但他们仍然有一点渴望，这促使他们超越自我。相比之下，完全满意的人不太可能愿意付出额外的努力来改变他们的环境。同样，这只适用于与成就相关的生活领域，而不适用于与社会关系相关的领域。对于这些成就领域，本研究提出了一种使用满意度量表来利用积极性的新方法。

这是一种新的测量干预措施：要求你的客户以通常的方式填写满意度问卷。毫无疑问，他们会有一系列的分数，有的高，有的低。特别注意成就相关领域的分数，如图 3-1 所示。当需要讨论他们的各种分数时，花点时间向其介绍新的研究结果。你无须成为幸福科学的个人专家，就可以报告这些研究的结果。事实上，大多数客户都能立即了解满意与努力的基本关系。对他们来说，完美的满足感会导致自满，而一丝不满足感的暗示会带来动力。你也可以向他们保证，9 分或 10 分没有错。这可能反映了工作中的有利环境或最近的一系列成功。随着生活环境的变化，人们自然会在一定范围内起起落落。对你的客户而言最重要的信息是，满意度分数为 8 分是最佳目标。当这个想法出现时，你可以感受到客户的巨大解脱。你没有激励他们朝着 10 分前进，而是让终点线离其更近了 2 分，而他们甚至还没有开始为此努力！这种干预之所以有效——它在我的客户和工作环境中很受欢迎——是因为这种干预不仅仅是一种噱头或数字诡计，它提醒人们不要有那种容易出现在最积极、最成功的客户身上的完美主义。我发现，把重点从做得最好转移到做得更好，可以让客户在没有情绪自我鞭笞负担的情况下努力。更重要的是，他们经常感到的解脱会给人一种情绪上的鼓舞，这有利于你们的合作。

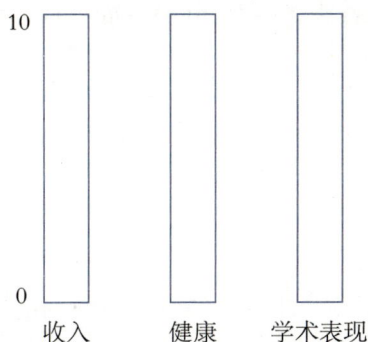

图 3-1　成就导向型生活满意度

如何提高工作场所的积极性

虽然到目前为止，我们主要讨论了与个人合作以及促进、利用个人幸福感等主题，但关于在工作中创造积极文化的讨论也是有意义的。这种对群体幸福感而非个人幸福感的强调，将是与组织客户合作的读者所熟悉的话题。你听过多少次与企业文化中某些心理受挫有关的抱怨？教练会谈可以是一连串关于糟糕的老板、不明确的期望、繁重的工作量和紧迫的最后期限、与组织变革相关的压力、低质量的培训以及缺乏创造力机会的讨论。这些都是我们大多数人从朋友和配偶那里听到的抱怨类型。工作是我们一天任务的重要组成部分，所以当工作令人窒息或有压力时，这些负面情绪就会被带到家里。办公室政治、工作要求和其他与工作相关的压力会让我们沮丧，不过积极心理学研究表明，在团队层面上利用积极性可以提高员工的生产力和个人满意度。

心理学家彼得·沃尔对工作满意度和工作幸福感进行了几十年的研究。他确定了工作场所之间存在差异的 10 个方面，这些方面直接影响员工幸福感。它们是：

1. 个人控制的机会

2. 技能使用的机会

3. 外部产生的目标

4. 任务的种类

5. 工作的清晰性（明确的期望和反馈）

6. 足够的工资

7. 安全的工作场所

8. 支持性的监督

9. 人际交往的机会

10. 社会地位或职位

最好的工作场所会具备所有这些优势。很不错的工作场所会包括其中的很多方面。沃尔从情感内容和后果的角度来思考工作。他以一种常见的 2×2 格式描述情绪，其中情绪根据其愉快（或不愉快）程度以及唤醒程度进行调节（见图 3-2）。他认为，当这 10 个要素到位时，员工将会感受到愉快情绪多于不愉快情绪。此外，工作的某些方面，如外部产生的目标和任务多样性，则可能会带来更高的唤醒，而其他方面，如安全，可能会导致较低的积极情绪唤醒。你可能已经特别注意到第三项，外部产生的目标。虽然有大量信息表明，内在动机优于外在动机，但沃尔认为，外在目标大量存在。他将这些部分定义为工作量、注意力需求、与资源相关的需求和角色责任。这些事情中有一些是刺激性的，但根据沃尔的说法，太多会导致高焦虑度和低舒适度。有趣的是，个人控制的机会太少往往会导致更高的抑郁和更低的热情，而非更高的焦虑。因此，这 10 个要素不仅是良好工作场所的标志，而且每一个要素都以不同的方式影响着员工的幸福感。

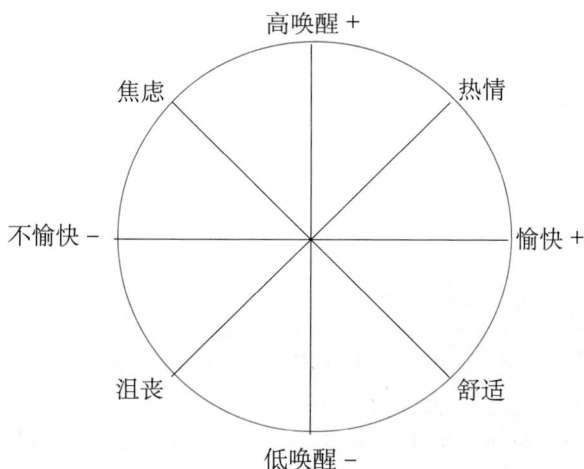

图 3-2　工作中的情绪唤醒和愉快程度

沃尔的模型为教练对话提供了一些有趣的切入点。你可以与你的客户一起评估他们对工作场所的这 10 个特征和未来工作的目标领域的满意度。这个想法是为了创造尽可能多的愉悦情绪，并确保其中有很大一部分处于高度唤醒状态。沃尔的模型是自下而上的，这侧重于更大整体（幸福感）的组成部分，例如有支持性的监督和足够的工资。

其他人则侧重自上而下的方法，强调积极情绪，并将其用作改变组成部分的机制。这也可以用作教练手段：询问客户在工作中感到焦虑、热情、沮丧或舒适的时间和频次，并讨论激发积极情绪的方式。

作者阿德里安·高斯蒂克（Adrian Gostick）和斯科特·克里斯托弗（Scott Christopher）在《轻松效应》（*The Levity Effect*）一书中采用了后一种方法，他们认为轻松的幽默、笑声和淡淡的友情可以直接转化为理想的工作结果，包括更高的生产力和更少的人员变动。他们引用了卓越职场（Great Place to Work）研究所的调查研究，该研究所曾评选《财富》（*Fortune*）杂志的"百佳雇主"榜单。事实证明，在被评为"优秀"的组织中，81% 的员工表示他们在一个有趣的环境中工作，比如美捷步。相比之下，工作在评为"好"组织的员工中，只有 62% 的人表示工作很有趣。两位作者认为，这不仅是一个值得关注的"有趣度差距"，也是整个调查中差距最大的地方之一，是"好"工作场所和"优秀"工作场所之间最明显的区别之一。

这些大公司是如何做到的？像美捷步这样的企业是如何将一些传统财务部门的员工变成一群身着戏服，炫耀着工作热情的有趣怪人的呢？有几种方法（事实上，高斯蒂克和克里斯托弗在他们的书中列出了140多种）。第一，你的客户可以雇佣有趣的人。对游戏和乐趣的介绍可以从招聘面试开始，这也可以是评估候选人的要素之一。第二，新员工可以在第一天就知道办公室是有趣而非压抑的。他们从思想开放的管理者那里收到这些信号，例如美捷步的维克博士，他在办公室里放着一个宝座，用于给戴着皇冠的员工和客人拍照。然而，最重要的是，高斯蒂克和克里斯托弗告诫说，工作场所的轻松取决于信任。在你的客户强迫其员工玩转椅足球之前，他们必须尊重这些员工，以此来赢得他们的信任。一项对波音公司（Boeing Corporation）10万名员工的调查显示，一个部门的高层管理人员能够获得更好的工作相关结果，其部分原因在于他们向员工询问了他们的家庭、周末安排和健康情况。他们表现出了关心和感恩。同样，你可以和客户一起从小事做起，通过创建一个公告栏，或者在工作时间举办一个感谢聚会来表达赞美之情，用一点乐趣建立信任基础。与你的客户合作，把握员工的情绪脉搏，并作出相应的改变。

给予反馈，让人们感到积极主动

- 期望的力量——接受反馈的人拥有自己的情绪反应，这在很大程度上取决于他们对反馈本身的期望，也取决于一般的反馈过程。如果你知道要给某人反馈，那么从一开始就确定反馈的目的、形式以及预期的进展工作是很有帮助的。

- 准确性的力量——不言而喻，反馈越接近目标就越有帮助。这就将责任推给了提供反馈的人，并建议应该考虑反馈中可能多余的部分，或者可能被视为在批评性格而非表现的内容。

● 反馈针对的是未来，而非现在——关注当前工作的对错与讨论需要做什么以使该工作在以后的迭代中变得出色，这两者之间存在着重要区别。后一种情况取决于提供反馈的人是否有能力专注于这项了不起的未来工作，这为另一个人描绘了一幅画面，提供实现这项工作的步骤。

● 相信这个项目——你可能会认为投资于反馈过程等于投资于改进过程。那么你错了。我曾经有一位编辑，他花了几周时间才回复我的一篇提交出版的文章。那篇文章我花了整整一周的时间才写完，他对手稿的唯一评论是"我没有共鸣"。这个反馈不仅不具体（见下一项），而且表明他确实缺乏对这篇文章的关注。有价值的反馈应该表明项目确实可以很棒，并且提供反馈的人相信项目及其成功潜力。

● 具体——这一点非常简单。反馈越具体，越容易理解，就越有助于更好地采取行动。

● 关系的力量——从根本上说，反馈是一种关系。你可以想一下你会如何给自己最好的朋友或一个完全陌生的人提出一个简短的反馈。即使是完全相同的内容，你也会根据关系调整反馈。从另一个角度来看，你可以利用自己的关系和对这个人的了解（以及他或她的优势），提供更好的反馈，让其对改变承担更大的责任。

教练和积极性

在很大程度上，教练工作本身是围绕激励和提高客户积极性而建立的。因此，积极心理学研究的结果应该受到教练的欢迎，因为它为创造变化提供了科学依据和新的干预思路。也就是说，这值得退一步，向教练们提出一个反思性的问题：就积极性来说，教练应该扮演什么角色？花几分钟时间思考一下这个问题。教练有什么义务让客户保持积极的情绪？我们有什么工具来创造和保持积极性？什么时候促进积极性可能会不太合适？你如何尊重客户的议程，同时又避免长期的问题讨论和消极的陷阱？请简要回答以下问题，以帮助你反思自己的实践：

1. 我的教练会谈的情感基调是什么？是什么影响了这一点？

2. 如何提升积极性？我扮演的是支持者、喜剧演员，还是一个不引人注意的角色？我可以使用哪些工具来增加客户在会谈中的幸福感？

3. 我通常如何处理会谈中的负面情绪？

4. 我对情绪的功能和恰当性持什么态度？我是从哪里获得这些观点的？

结论

近年来，幸福感开始摆脱它曾经的坏名声。尽管仍有一些顽固的反对者认为幸福是自私或愚蠢的，但许多人正在意识到这样一个事实，即员工想要幸福，而积极的态度几乎能在各行各业带来成功。现有研究提出了一个令人信服的论点，即积极性直接带来了更好的工作和家庭功能。与你的客户合作，创造更积极的情绪，适当地保持这些高涨情绪，并利用其力量，这将为你提供一条促进个人改变、实现成功的额外途径。

POSITIVE PSYCHOLOGY COACHING

第四章　登顶心中那座山：教练的目标和对未来的希望

在 4 000 米的高度，我们的搬运工开始咳血。那是 1997 年的夏天，我和姐夫罗宾德拉一起攀登坦桑尼亚的乞力马扎罗山。乞力马扎罗山与富士山和波特兰的胡德山一样，是世界上最知名、攀登频率最高的山峰之一。虽然这座非洲最高的山峰上有些路线对技术要求很高，但也有许多路线适合简单的高强度徒步旅行，只需要很少的专业设备或技能。由于有"适合徒步行走"的美誉，乞力马扎罗山每年都会吸引数千名非专业攀登者前往其山脊。但是，这座海拔 5 000 多米的山峰吸引了许多对极端寒冷和海拔条件毫无准备的冒险游客。每年约有 10 人死于乞力马扎罗山。我担心我们的搬运工会是其中之一。

我们已经攀登了 4 天，正准备最后一次峰顶冲刺——第二天早上，我们的首席探险向导威尔逊带来了关于搬运工的坏消息，这是一场艰苦的海拔马拉松。下午罗宾德拉和我在帐篷里看书，威尔逊弯下腰，凝视着敞开的顶棚。"强盗，"①他轻声喊道，他总是叫我"强盗"。我们走出帐篷，看到他焦虑的表情。51 岁时，威尔逊已经攀登乞力马扎罗山 100 多次了。我想他已经见证过每一种想象得到的天气、疾病和路线的紧急情况。如果威尔逊也会担心，那一定有很重要的事发生了。"其中一个搬运

---

① 作者的名字缩写与英文中的"强盗"（the robs）很接近，这里表示威尔逊对作者名字的戏称。

工在吐血，"他告诉我们。罗宾德拉、威尔逊和我一起坐在帐篷外面，帐篷高高地搭在乞力马扎罗山南侧卡兰加山谷的一块岩石峭壁上。我们讨论了搬运工的情况。显然，搬运工是带着轻微的感冒开始攀登的，他隐瞒了这一点，也许是担心如果我们知道他生病了，其生计就会受到威胁。几天来，他一直咳嗽，病情不断恶化。当我们到达卡兰加山谷时，他已经落在后面，咳嗽时会流血。这是肺水肿（pulmonary edema）的明显症状。

肺水肿，也被称为"旱地溺水"，这是一种可能致命的高原病。当肺部产生液体的速度超过身体重新吸收它的能力时，人在高海拔处就会出现水肿。随着肺部慢慢充满液体，进入血液的氧气会减少，由此就会产生头痛、头晕、气短、恶心等症状，最后导致昏迷死亡。基本上，患者是溺死在自己的体液中的。在没有特殊医疗设备的探险情况下，最简单的治疗方式是快速下山。因为这种疾病是由海拔升高引起的，那么只要下降几百米，该症状就可以有所减退。

然而，当我们三人坐在一起讨论行动计划时，我们很难就一个简单的行动方案达成一致。回想起来，我发现除了在高山上所意识到的因素，还有其他因素在起作用。就我自己来说，我愿意听从威尔逊的判断。毕竟，他是领路人，攀登乞力马扎罗山超过 100 次，他比罗宾德拉或我更有经验。但威尔逊不愿意负责，而是问我们认为应该怎样处理这件事。可能是因为我们是付款的客户，他觉得有某种专业义务给我们一个尝试登顶的机会。或者，反过来，他想听从罗宾德拉的建议。我的姐夫是一名登山者，他有攀登安第斯山脉主峰的技术和高海拔登山经验。威尔逊可能错误地将罗宾德拉视为更有经验的登山者。对于如何作出决定，我们犹豫再三。

我们的实际情况也让面前的决定变得更加困难。我们在一个 4 000 米高的山谷里，很难下山。沿着小径向前或向后行走，都会让我们上到 4 400 米以上，然后才能真正下来。天很快就黑了，夜间远足更加困难，尽管不是不可能。此外，我不确定这一因素在决策中有多重要——下山会让所有登上这座山的希望破灭，这也是我们来到非洲的全部原因。最后，我们采取了观望的态度：我们同意留在营地，在日出后再重新评估局势。

那天晚上我躺了很长时间都没睡。身在那个高度，我们的蓝色帐篷里结了一层霜。每次罗宾德拉在睡袋里挪动一下，就会在我们的帐篷里引起一场小暴雪，雪刺痛我的脸，然后钻进我的长内衣领口。我想起了我们的搬运工，他睡在外面火堆旁的地上。我想起现代冒险故事，比如乔恩·克拉考尔（Jon Krakauer）的畅销书《进入空气稀薄地带》（*Into Thin Air*）。关于英雄男女在山中艰难存活下来的报道有几十篇。我有点自我感觉良好，想象着从帐篷里出来，一个人帮助搬运工下山。但事实是，我躺在睡袋里，浑身不舒服、没有洗澡、便秘、疲惫又寒冷，我一点儿也不像英雄。

我一大早醒来，看到尼龙帐篷门帘慌乱地抖动着。是威尔逊，他让我们赶快醒来。我抓起羊毛夹克和靴子，走到罗宾德拉的前面。我拉开帐篷的拉链，走进寒冷的早晨。威尔逊告诉我搬运工已经去世了。我跑到夜间火堆熄灭的地方，希望威尔逊说错了。我试着告诉自己，搬运工可能只是看起来不对劲，有人量过他的脉搏吗？我跑向搬运工所在的地方，在走近他时，我看到他的嘴湿了，有一种黄色的液体顺着他的脸颊流淌。他显然已经去世了。我惊呆了。我停下来转身，倒坐在附近的一块岩石上。

上午剩下的时间对我来说是一片超现实的模糊。坦桑尼亚人用斯瓦希里语举行了一场临时葬礼，我和罗宾德拉站在人群外低着头。他们用一块亮黄色的尼龙油布包裹死者，并用胶带固定。我们让威尔逊的弟弟跑到下一个营地，那里距我们有一天的徒步路程。太阳穿过陡峭的悬崖，我们都静静地坐着，等待国家公园管理员的到来。令人难以置信的是，在我们等待期间，威尔逊问我们是想为登顶作准备，还是宁愿放弃登顶的尝试。他告诉我们，如果我们选择爬到山顶，他可以设法安排从其他探险队挑选一些候补搬运工。我被他的问题震惊了。毫无疑问，这个人的生命是比我们的假期更重要的。我告诉威尔逊，我们将帮忙把尸体从山上运下去。威尔逊用斯瓦希里语分享了这个消息，他告诉我们，小组非常赞同我们的决定。

公园管理员中午抵达，他身穿军装，头戴贝雷帽，手持收音机。在向他作了粗略的报告后，我们把搬运工的尸体装在一个木担架上，开始了下山的长途徒步之行。我们在下午炎热的阳光下走过 4 000 多米，来到了贫瘠的沼泽地，我和罗宾德拉在那里喝完了水。在松散的砾石和大岩石上行走很困难，抬担架的人也不得不经常停下来休息。我们的大队人马逐渐接近黑暗，到了 6 点钟，我们已经到达了一个营地。威尔逊建议罗宾德拉和我在营地过夜，他和队员则继续前进。我们拒绝了他的提议，我们的团队人数已经增加到了 30 人，开始了漫长的夜间下山路途，我们只有 3 个手电筒。到了午夜，我们已经从贫瘠的山坡上下来了，穿过了雨林的泥泞小路。我们进行了 37 000 米的徒步，在没有水的情况下坚持了 8 个小时，而且大部分时间都处于黑暗中。我开始消沉，常常跌倒。如果只有自己一个人，我一定会崩溃。只有那些似乎不知疲倦的非洲人同伴能促使我继续前进。

后来，我不确定是什么时候，我们遇到了一辆救护车，是一辆白色、后门上有一个红十字的路虎揽胜。我们 9 个人挤进了车里，把裹着黄色布的尸体放在后面的长椅上。在接下来的一小时里，车辆在深深的泥地里滑行，有时倾斜得不可思议。我被两个搬运工撞倒，还经常被不稳的驾驶弄得晕头转向。终于，在坦桑尼亚的深夜，我们把尸体送到了警察局，之后罗宾德拉和我被送到了酒店。我甚至不记得自己是如何躺到床上的，然后就陷入了昏睡。

在乞力马扎罗山之旅的不幸故事中，我学到了一些关于目标、动机和乐观主义的最重要的经验。对我来说，这次旅行是一次紧张、真实的经历，它告诉我一个主要目标的承诺在心理上是如何帮助或阻碍一个人的。虽然在一个结果上大量投资，例如达到一个隐喻或字面意义上的顶峰，可以提供成功所需的额外动力，但这也意味着如果你遇到失败，会有额外的刺痛。在这个故事中，也包含了与外部力量如何作用于目标有关的重要教训，无论这些目标多么有价值或计划多么周密。最后，在这个故事中有一个关于希望的重要教训。希望是把我拉向非洲的力量，它让我幻想着自己可能站在非洲大陆最高峰的顶端。希望是一种力量，即使在我筋疲力尽的时候，它仍然把我拉向山坡。希望也让我分心，让我在搬运工生病时没有立即采取救生措施。那天，目标、动机和希望三者向我展示了其最好和最坏的一面。

在本章中，我将讨论这3个重要概念：目标、希望和动机。毫无疑问，你已经意识到，这些强大的心理过程不仅与你的教练工作相关，而且对你的教练工作有至关重要的作用。从一开始，教练就主要是着眼于设定目标和提升动机，以更好地取得成功。经验丰富的教练会认识到自己可以通过多种方式，利用积极性、希望、幻想和想象来拓展客户的可能性。虽然我会简要介绍这一主题中的一些鲜为人知的研究，但主要讨论还是集中在积极心理学这一领域中可以实际应用的有趣的新方法上。

讲故事的力量

作为一个天生的故事讲述者，我经常用真实世界的故事来激励、挑战或指导我的教练过程和客户。他们很快就习惯了听我问："你介意我给你讲个与此相关的30秒的故事吗？"更重要的是，我的客户说，这些故事是教练会谈中最有力的部分，它们不但提供了一些例子和见解，还进一步推动了他们的议程。我故意详细透彻地讲述了自己在乞力马扎罗山上遭遇不幸的故事。我本可以把这个故事简化成几段来传达主要信息，但还是希望通过添加更多细节，为增加情感共鸣、呈现更微妙的教训奠定基础。这个故事可能会为许多有趣、有用的讨论点提供启发。例如，当我向波特兰州立大学的本科生讲述这个故事时，它引发了关于个人责任的有趣讨论：谁是搬运工之死的罪魁祸首？故事中的每个人都起了什么作用？这个故事还包含了一些有趣的教训，与如何随着环境的变化而重新调整目标有关：一开始，我只想攀登乞力马扎罗山；最后，我只想通过不再攀登乞力马扎罗山来尊重这个人的逝去。然而，与我交谈过的其他人认为，成功的登顶将是纪念他的最好方式。同样，故事也可以用来创造和传达对未来的愿景，或帮助人们解决工作中的棘手问题，尤其是取自真实组织事件的生活故事。

正如乞力马扎罗山故事强调了个人责任和目标设定的问题一样，来自组织文化和历史的故事可以为谈论有趣或困难的问题奠定基础。故事讲述顾问彼得·克里斯蒂（Peter Christie）认为（至少）有4种主要类型的故事：逸事、历史、寓言和传记。在组织中，有许多自然的讲故事机会，了解这些机会可能会有所帮助。管理者可以用故事来表达愿景并激励员工；营销人员可以利用故事来加强品牌形象；各级员工可以通过他们自发的茶水间闲聊故事来营造组织文化；促进者可以通过使用故事来增强学习。考虑一下你的客户使用故事的方式：他们使用什么语言？谁是重复出现的角色？重复出现的主题是什么？你会如何使用作者的身份和修订的概念并以积极的方式改变他们的故事？

被未来拉动

我之前参加了在费城举办的国际积极心理学协会（International Positive Psychology Association）第一届世界大会。在这次会议上，现代积极心理学的创始人马丁·塞利格曼提出了一个有趣的想法："我们不是被过去推动的，"

他说，"而是被未来拉动的。"他的意思是，愿景和抱负是激励、驱动我们的动力，这远远超出历史对我们的支持。无论是作为个人还是作为集体，我们的生活方向在很大程度上都与前进道路上的障碍和机会，而不是过去发生的事情有关。这是否在某种方式上可被证明为完全正确，远不如这是个有趣的概念这一事实更为重要。它直接说明了一个观点，即人类的额叶高度进化，天生就是为了向前看。我们预测天气、计划假期和退休、准备会议、锁车、省钱，还参与许多其他活动，这都暗示着我们思考未来的巨大能力。

目标是帮助我们组织行为的未来取向基准。通过制定大大小小的目标，我们建立了成功的衡量标准、决策指南和前进的目标。追求目标不仅仅是第二天性，它对我们的运作也至关重要。在没有目标的情况下，我们往往步履蹒跚。也许这就是为什么建立客户议程（一个可实现的短期目标）并与客户合作以实现其愿景（一系列长期目标）是教练的基础部分。关于 SMART 目标和设计可实现、可测量目标的其他方法，已经有诸多内容，我不想在这里重复同样的观点。相反，我将向你介绍一些你可能还不熟悉的与目标相关的研究领域。此外，我想强调一下应用，并就如何将这项研究转化为有用的教练干预措施提出建议。

让我们先谈论一下未来，以及我们思考未来的能力。尽管松鼠囤积坚果过冬，熊也会在洞穴中冬眠，但这些都是本能的行为。你从来没有听说过松鼠会把两年的坚果存起来以便在夏天休息，或者熊会选择不冬眠。事实上，正是人类拥有对未来作出意志决定的独特技能：规划、预测问题、根据预期整合资源，以及根据情况修改计划。因此，我们天生就倾向于设定、追求目标，这是有道理的。近年来，研究人员发现，目标与增加幸福感以及更深层次的意义和联结感直接相关。

但不幸的是，好消息到此为止了。一项关于情感预测的新研究表明，尽管我们对未来的规划非常出色，但在预测未来感受方面还远远不够完美。这是一种有悖常理的看待事物的方式：我们一直在做决定，因为无论是隐含地还是明确地，我们都相信这些决定会让自己快乐。我们承担项目、同意约会、搬家、度假、购物，这都是因为我们认为自己会因此而感觉到情绪的提升或体验到生活质量的提升。这对你的教练工作尤其重要，因为这意味着你的客户每天都在根据部分错误信息作出决策和设定目标。他们为自己制定的项目和目标可能得到实现，甚至可能会有所回报，但往往不像你的客户所预测的那样。熟悉这项研究可以提供一个全新的途径，帮助你的客户作出选择，从而获得心理回报。

研究人员蒂姆·威尔逊（Tim Wilson）和丹·吉尔伯特（Dan Gilbert）的发现表明，我们在预测未来的心理状态时会出现一致且可预测的错误。我们经常对这些感觉强度和持续时长预测失误。以一位年轻的大学教授申请终身教职为例。假如你问她，如果她像某些研究人员一样获得或没有获得终身教职，她会有什么感受，她可能会说，她会为获得终身教职而感到非常高兴，为没有获得而感到非常沮丧。当研究人员追踪调查那些获得和未获得终身教职的教授时，他们发现了一件有趣的事情：没有获得终身教职的年轻讲师感受到了情感上的刺痛，但这既没有预想中那么严重，也没有持续那么久。他们恢复得相对较快。同样，那些幸运地获得终身教职的年轻教授也经历了情绪高涨，但并不像他们曾经所期望的那样欣喜，而且这种兴奋感很快就消散了。这些发现在各种情况下都会重现，包括选举、约会和体育比赛所带来的情感影响。

除了对持续时长和强度的预估错误，从认知角度来说，当涉及我们以前从未经历过的情况时，我们也有陷入困境的倾向。尽管我们在情绪效价（valence），即情绪的正负性方面的判断相当准确，例如，知道成就会让人感觉良好，失败会让人感觉不好，但我们并不完美。当我们处于新奇的情况下，例如坐过山车时，我们有时会发现，曾经认为可怕的事情，也可能是有趣且令人兴奋的，或者我们认为刺激的事情反而是不和谐和可怕的。对于新奇的场景，我们通常没有足够的信息来准确猜测未来的感受。而避免这个问题的一种方法就是与经历过该活动的人交谈，并利用他们事先掌握的知识作出更好的决定。虽然这听起来像是常识性的建议，但令人惊讶的是，我们经常会在没有做到这一点的情况下向前冲。

持续时长忽视（duration neglect） = 低估或高估事件持续时长所带来的情绪影响的倾向。例如，一次美妙的 7 天夏威夷之旅可能会产生与 10 天夏威夷之旅相同质量的快乐。

影响偏差（impact bias） = 低估或高估事件情绪强度的倾向。例如，我们最喜欢的足球俱乐部的胜利可能会提升我们的情绪，但这只会达到适度而非极端的程度。

情绪效价预测（valence prediction） = 我们通常可以很好地预测情

绪效价，但当遇到新奇的情况时，预测的准确性较低。例如，人们可能普遍认为约会很有趣，但实际体验既可能是有趣的，也可能是令人失望的。

这里有一个关于如何在教练环境中使用这些信息的例子，与我的一位客户有关，她正在考虑是否接受旧金山的一份吸引人的工作。在这件事上，我的客户像我们中的许多人一样：在最初对这份工作感到一阵欣喜之后，她陷入了深深的恐惧之中，因不确定性和犹豫不决而惶恐。我已经见过很多次了：人们对生活中的重大决定感到焦虑，比如选择一份新工作、搬到一个新城市、生孩子或读研究生。这些决定可能看起来非常重要，以至于它们占据了一个人的生活，支配着一个人的注意力、情绪和人际关系。令人惊讶的是，在作出正确的选择时，人们很容易陷入困境。一些人转动他们的隐喻轮子，试图决定绝对最佳的行动方案。但具有讽刺意味的是，过分强调结果可能会导致不作为。我的客户很快陷入了一种永久的矛盾情绪。有趣的是，从情感预测的角度来看，客户的犹豫不决与她对未来情绪状态的预测有关：如果她作出了正确的决定，她最终会很快乐；但如果她作出了错误的决定，她会很痛苦。当我和她谈话时，很明显地感觉到她遭受了痛苦，尤其是在搬到新城市、开始新事业的过程中。请看看她的一些担忧。

客户：我真的很担心这次搬家。

我：具体来说，你担心些什么？

客户（叹气）：太多了！我花了这么长时间在这里建立社交网络，在旧金山我不认识任何人。我不了解这个城市，我在那里没有朋友、没有车，我也不了解这份工作。我很困惑，困惑又孤独。

我：毫无疑问，搬家真的很有压力。

客户：我知道！你了解我，我不太会应对变化，我适应得很慢。

在这段简短的对话中，我们注意到了几个有趣的事实。首先，我的客户非常关注较短时期。她专注于搬家后的几天或几周。这对我们所有人来说都是一种自然趋势，因为在脑海中描绘这一短期时间框架要容易得多。相比之下，更难想象的是，5 年后的生活会是什么样子。然而，正如接下来的对话所示的那样，这是一个长期关注的重点，有助于推动客户向前发展。

我：这是我们都知道的关于你的一件事。你擅长"植根"，但试图破坏这些"根源"可能很困难。

客户：是的。

我：有一件事我很好奇，如果你不介意我问的话。

客户：请问吧。

我：我想让你试着想象一下，你搬到旧金山 6 个月后的生活。

客户：好吧，有点难。

我：你觉得你会有朋友吗？

客户：当然会的。

我：你觉得你会在这个城市里闲逛吗？

客户：当然。

我：那工作呢？你会觉得自己还像"新人"吗？

客户：我可能还在学习诀窍，但我不会是个新手。我会知道一些东西。

随着我问客户一个又一个问题，他们的心情变得越来越轻松。当我的客户开始想象自己在过渡期之后的生活时，她就会获得新的意识，从本质上来说，事情会变得很好。她最大的压力，例如不熟悉城市里的道路、没有任何社交活动，所有这些肯定都会克服。毫无疑问，过渡期也会有压力，但值得肯定的是，我的客户能够度过这段时间，并为自己创造充实的生活。一旦我们达成这一新观点，我们就能够将教练对话从"我应该搬到旧金山吗？"转为"如果搬到旧金山，我想在那里的新生活中为自己创造些什么？"这一新问题让我的客户感觉好多了，这为愿景和头脑风暴打开了大门。最终，她确实选择了搬家，我很高兴地告诉大家，她享受着积极的社交生活，并在新的生活中感受到了快乐。

目标的黑暗面

我们都经历过这样一个时期：对一个重要目标的大量投资，给我们带来了压倒性的焦虑，而非希望和激励。伊娃·波默兰茨（Eva Pomerantz）的研究表明，这两种情绪反应的区别在于人的关注点的不同。有人看到波默兰茨所说的"失败影响预测"——如果失败，会出现怎样的问题——压力就会激增！相反，如果一个人专注于朝着目标取得了多大进展，他或她则更有可能精力充沛、感到幸福。作为一名教练，你可以利用情绪进行诊断：如果你的客户抱怨焦虑，那么这是一个危险信号，这表明他们正在关注可能失败的影响。你可以试着回顾进展、资源和短期成就，让其回到积极的情绪轨道上。考虑一下以下问题。尽管所有这些问题看起来都像是你已经使用过的标准、开放式教练问题，但每一个问题都是精心设计过的，旨在让客户专注于收获，远离潜在的失败，从而增加其积极性，减少担忧：

1. 你取得了哪些进展？

2. 你过去什么时候成功实现过类似的目标？

3. 你有哪些资源可以帮助你实现这一目标？

4. 你最喜欢这个目标的什么？

5. 到目前为止你都试了些什么？

6. 谁能帮你实现这个目标？

7. 是什么让你朝着这个目标努力？

8. 围绕这个目标，你还剩下什么样的能量储备？

9. 你如何实现这个目标？

动机行为标记

在所有的教练领域中，除了目标和动机，几乎没有其他领域的报道。因为我们的大部分专业工作都围绕着建立并努力实现客户目标，这也难怪教练似乎对目标和动机的研究和见解永不满足。例如，关于良好目标的架构已经著述很多，如 SMART 首字母缩略词中体现的特征。关于动机的类型，如内在动机（intrinsic motivation）和内摄动机（introjected motivation），也已经有很多文献讨论，正如将目标设定为"趋近目标"（approach goal）或"回避目标"（avoidant goal）是一个老套的领域。我对报道这个发现的兴趣和你对阅读它的兴趣一样少。

我认为，一个与动机研究和理论相关的领域——动机行为的特定标记，在教练历史中一直被忽视。广义地说，行为可以是主动的，也可以是被动的。你的客户可以高度参与目标或完全放弃努力。在有宏大而重要的目标（如营销新产品）的情况下，这很容易理解。一个积极的营销者将掌握大权，发起一场针对假定客户群的战略活动。相反，被动营销者则更可能希望口碑传播或其他蔓延式营销策略为其发挥作用。然而，在其他情况下，动机行为和被动行为之间的区别远没有那么明确。以刻板印象（stereotyping）为例。每人都有一定程度的刻板印象，我们都把人们分为不同心理类别，因为这提供了一种社交捷径。例如，当我们在夜间黑暗的街道上经过一个男人时，我们会提高警惕，因为我们知道，仅从群体平均水平来看，男人对我们的潜在威胁比女人更大。当我们经过陌生人时感到紧张，这是被动行为还是主动行为？刻板印象本身是自动的还是有动机的？事实证明，有一些特定的标记可以帮助我们区分自动行为和动机行为。这些可以作为教练探索和了解客户动机及行为的有用基准。

1. 坚持到底（persistence-until） 顾名思义，"坚持到底"是指人持续追求一个目标，直到该目标实现为止的趋势。例如，无论是摆餐桌还是在工作中写报告，我们都会一直坚持直到完成。研究人员发现，与动机行为的持续性直接相关的因素之一是可及性（accessibility）。对目标的高度承诺使个人对与其目标相关的信息、资源和其他因素更加警惕。与目标相关的心理信息越容易获取，成功的可能性就越大。教练有必要探索客户的持久性，并注意到与目标相关的信息对客户来说是否容易获取。

2. 等效性（equifinality） 这意味着，当涉及动机行为时，人们更倾向于关注最终结果，而非实现最终结果的过程。吃饭到饱为止。即使必须要走另一条路线，你也要一直开车到工作地点。即使必须作弊，你也要通过考试。这里的最后一个例子是一种问题行为。教练和客户都应该有"无论如何"的心态，特别是因为研究人员已经了解了"自我肯定假说"（seff-affirmation hypothesis）。这意味着，当人们从事与其态度不一致的行为时，他们往往会改变态度，使其与自己的行为一致，而非改变行为本身！如果客户在家或工作中受到其他人的外部压力（激励）而从事与其价值不一致的行为，那么教练要注意这种情况可能会很有帮助。

3. 顺从（docility） 想象一个教练，她的目标是成为一名熟练的演说家。起初，她没有足够的专业知识来确定她演讲中的成功哪些是靠自己的能力达成的，哪些是由于随机因素或环境因素造成的。然而，在多次演讲之后，她开始认识到某些技巧——讲笑话或以故事开场——会带来成功，而其他技巧——让一名观众主导讨论或呈现复杂的图表——会让观众厌烦。这种放弃失败行为的过程是顺从的，它在选择或保留成功行为的过程中以动态方式发挥作用。有趣的是，涉及公共演讲的进一步专业知识可以引导我们例子中的教练重新变得顺从起来，因为她的行为如此过度学习，如此自动，以至于她可以"在睡梦中做到"。有动机的行为需要不断更新，作为教练，你可以在此发挥自身力量。通过与客户沟通，了解他们如何继续提高技能、学习并成长，你可以让其保持高度参与的动机状态，避免顺从。

4. 情感（affect） 积极情绪是动机行为的极好指标。当人们朝着一个目标前进时，他们通常感觉良好，当感觉良好时，通常就会有精力、热情和创造力在目标上取得进展。教练要了解客户的情绪状态，因为这与客户的目标进展有关，可以分为3类：

A. 差异（discrepancy）——客户倾向于将当前表现或进展与最终目标进行心理对比。一般来说，差异越小，其感觉越好。这就是为什么比起完成书的第11页，作者在完成书的一半时，会感觉更好。

B. 方向（direction）——你的客户也感兴趣于自己是否正在接近或远离目标。如果你的客户有一个招聘新助理的目标，他们最初可能会对公布工作清单和面试候选人感到满意，但在没有一个优秀的候选人接受这份工作时感觉很糟糕。

C. 速度（rate）——再次强调，一般来说，客户喜欢更快而非更慢地实现目标。作为一名教练，如果你希望提高客户的积极性或动机，或两者兼而有之，那么请注意以上 3 个方面。每种方法都可以独特地用于提升情绪体验。

利用差异、方向和速度来激励客户

考虑以下问题，每个问题都探讨了客户情感和动机的这 3 个方面之一：

1. 你离目标还有多远？

2. 你是怎么知道的？你用什么标准来评估目标进展？

3. 你设定这一目标以来取得了多大进展？

4. 你是在朝着这个目标前进还是在远离这个目标？

5. 你对进展问题（问题 3）的回答是否每天、每周、每个月都一样？

6. 你预计什么时候达到目标？

7. 与你开始这一过程时相比，你这些天的进步有多快？

8. 你对自己的进步速度有多满意？

9. 综合考虑，你应该有多快的速度才能达到目标？

---

5. 努力（effort）　当然，动机行为的终极可靠标志是努力。客户对目标投入越多，其愿意付出的努力就越多。无论是精神上的能量还是身体上的能量，高动机个体面对障碍时，努力似乎都会增加。作为教练，你可以帮助客户追踪努力过程，努力既是进步的标志，也是有限的资源。在前一种情况

下，客户可以放心地记住，他们已经付出了全部精力或尽了最大努力。但付出的努力也可能代价高昂。从教练的外部角度来看，你可以帮助客户跟踪并调节努力程度，以避免精疲力竭。

乐观主义

我个人认为，另一个与目标相关的领域就是乐观主义（optimism），它十分吸引人，而且客户认为其最为有用。保持乐观可能有助于人们承担适当的风险，追求目标，并将其坚持下去，这是有道理的，因为他们相信有利的结果是可能出现的。

我来举个例子：我和妹妹有一次在华盛顿州西北部的奥林匹克山脉徒步旅行。那天很晚了，我们正从一座较小的山峰上往下走。外面寒冷有雾，我们迷路了。我们偏离了路线，意外地跌入了一条危险的沟壑，沟壑是岩石坠落的径流滑道，尽头是陡峭的悬崖。不难想象，我们有点紧张，害怕会被乱石击中，也担心太阳下山后气温会下降，所以我们不得不试着寻找另一条路线。但我们从未绝望过，我们相信一定会找到回到车里的路。事实上，我们很乐观。我们迟早会到达目的地，这是确定无疑的——也许在到达之前会拐错几个弯——但这有助于激励我们前进。只要有计划、努力和运气，你的梦想就会顺利实现，这种想法可能会让你踏上追逐梦想的道路。

乐观主义现实吗？

毫无疑问，我们所拥有的希望的程度、对计划和未来的思考程度，以及天生的乐观程度都会影响动机。每个登山者从基地出发时，都相信有很好的机会可以到达顶峰。每一个计划怀孕的人都假设良好的养育是可能的。同样，每个企业家都可以预见商业成功。正是对未来积极成果的期望，以及对自身能够影响这一成果的信念，让我们能够承担风险并坚持下去。在这里，我们谈到了与未来思维相关的最棘手的领域之一：我们如何知道自己的乐观主义是现实的？是什么让我们如此确信这些风险值得承担？我们可能会对希望和追求目标的实际代价视而不见吗？这些问题的答案可以从几十具在试图登顶的过程中遇难的攀登者的尸体中找到，可以在许多糟糕的养育方式和失败企业的灰烬中找到。在考虑乐观主义时，试图确定幻想和现实之间的差异是有意义的。作为教练，我们最好的服务之一就是帮助客户获得这种观点。

当客户对一个新目标感到兴奋时，与她一起感到兴奋是一种享受。事实上，作为教练，我们的职责之一是分享热情，努力支持客户取得成功。但在许多情况下，探索乐观主义的现实主义基础是一项审慎而重要的服务。可以考虑采用以下方法来实现对未来的现实希望。

1. 客户断连（client disconnect） 作为教练，你要警惕客户对目标或未来持有保留意见的迹象。试探性的讲话、无精打采的姿势、分心和情绪能量的下降都可能表明客户有疑虑。将这些标志作为引入，就个人资源、时间表和其他影响最终目标成功的因素展开对话。

2. 教练断连（coach disconnect）　尽管你可能很钦佩你的客户，但有时你也会有自己的危险信号。这些可能会以唠叨的怀疑、看似矛盾或情绪不安的形式出现。你不仅应该关注这些疑虑，而且应该请求允许提出和探究它们。

3. 资源—目标匹配（resource-goal match）　即使没有理由怀疑除成功以外的任何事情，评估客户资源也是有帮助的。只要这些资源与客户的目标保持一致，你就有充分的理由作出选择。即使在那些情况下，当你发现资源不匹配时，这也可能是一件好事：这让你和客户有机会修改目标和时间表，以提高成功的可能性。

4. 建立成功标准（establishing success criteria）　未来成功的希望取决于每个人对成功含义的自主定义。探索客户的定义可以为乐观主义奠定现实基础。通过让客户清楚地阐明什么是成功的要素，并考虑其对其他定义的开放程度，可以帮助双方理解目标是否值得冒风险和付出努力。

有趣的是，还有另一种方式——不切实际的目标会破坏客户的表现。纽约大学（New York University）研究员格洛丽亚·奥廷根（Gloria Oettingen）对人们思考未来的方式进行了研究。从广义上讲，人们以两种基本方式关注未来的结果：期望（expectation）和幻想（fantasy）。期望是对可能发生的给定结果的简单判断，如"我希望孩子放学后回家"。相反，幻想就是幻想。我们都时不时地幻想。也许，你在早上通勤的个人时间，会在脑海里练习奥斯卡奖获奖演讲，或者你会想象在私人飞机上啜饮香槟。有时，我们的幻想甚至可能是短暂而平凡的：有多少次你在日历上看到一张美丽的照片，心想："我想去意大利托斯卡纳！"这类幻想的有趣之处在于，它们往往过分强调愿景中令人愉快的方面，而忽视了努力和艰辛。奥廷根也描述了积极的幻想：

> 积极的幻想既可以是在精神上享受未来的结果，也可以是在精神上享受未来朝着这个结果顺利而毫不费力地前进的过程。换言之，一个人对未来幻想的积极与消极基调可以基于在心理上经历已经获得的结果，或者顺利趋向结果的过程，或者两者兼而有之。

事实证明，沉溺于这种幻想实际上会破坏动机。在几项研究中，奥廷根及其同事发现，在精神上沉湎于积极未来会让人们在这一结果上投入更少的精力。这是有道理的：想象实现目标的积极方面，本质上是收获情感上的回报，而不必经历任何艰苦的工作或挫折，从心理上讲，这会立即得到回报。如果这是真的，作为教练，我们该怎么办？难道我们不应该把可视化（visualization）作为与客户打交道的强大工具吗？幸运的是，奥廷根提供了一些有用的建议：积极幻想尤其有助于教练使用可视化的方式，如个人探索。在客户有机会在精神上体验不同潜在未来或"尝试"各种身份的情况下，积极幻想可能正是其需要创造性思考和增加希望的情感体验类型。然而，要注意的是，一旦收集到了这些初步的见解以后，在积极幻想中停留太久可能会对客户产生不利影响。

如果客户希望专注于发展和变化，建议对未来进行积极可视化展望；但如果客户希望明确关注个人成就，则不建议进行积极展望。

好奇心和目标

对于大多数人来说，好奇心和目标之间的联系是相当直接的。好奇心就像一个心理聚光灯，可以照亮有趣或有价值的目标。好奇心也能激发、牵动我们的心灵，促使我们在追求目标的过程中付出精力、承诺和责任。此外，好奇心作为一种对经验开放的心理状态，可以提升我们的表现。哈佛大学研究人员艾伦·兰格（Ellen Langer）本人很想知道开放性和好奇心会如何影响表现焦虑。在她的研究中，参与者被要求参与调动焦虑的经典套路：公开演讲。兰格将研究参与者分到以下 3 种情况之一：高要求情况下，参与者被告知"犯错是糟糕的"；宽恕情况下，参与者确信错误不可避免；好奇情况下，参与者接到指示要犯错误，并将任何意外错误纳入自己的演讲中。第三组的成员报告说他们的演讲最舒适、最不焦虑，观众对其演讲的评价也是 3 组中最高的。

当与客户合作时，尤其是表现突出的高成就客户，你可以试着找出错误并激发其好奇心。当客户将注意力从表现（"我必须做好这件事"）转移到个人成长（"我想知道自己能从中学到什么"）时，他们就可以在不牺牲质量的情况下减少焦虑。更重要的是，人们往往欣赏不完美的表演，感觉到细微的吱吱声、微小的错误和小的跌倒赋予了一个人个性和真实感。研究者托德·卡什丹（Todd Kashdan）提出了这一观点，"这就是为什么人们愿意支付高昂的价格来听自己最喜欢的乐队现场表演。我们可以购买 10 张我们最喜欢的乐队的 CD，或者支付一次现场表演的门票费用。为什么我们想看到他们在舞台上现场表演？毕竟，这些 CD 被编辑成绝对完美的效果，你可以听到最好的表演。我们花钱看乐队现场表演是出于自发性，也是因为任何事情都可能发生的可能性。教练可以设法提醒客户，在培训、演讲、头脑风暴和各种类型的社交互动中，最神奇的时刻往往是那些自发、不完美的时刻。

未来的我

未来意识的一个有时会被忽视的领域是自我意识。在想象未来的时候，我们经常会问些外在问题：明天的天气什么样？我的办公室装修后会是什么样子？明年会有什么财务上的惊喜？在所有这些问题中，我们最不可能问的是：明天我会是谁？下周我会是谁？明年我会是谁？原因很简单：大多数人，尤其是那些来自西方文化的人，倾向于认为自己的身份和个性相对固定。这周我是个头脑冷静的人，而下周我变得情绪化，这是没有道理的。然而，我们中的许多人，确实会在文化研究者黑兹尔·马库斯（Hazel Markus）所说的"可能自我"（possible selves）之间波动。因为情景会影响思考和行为，所以自然而然地，我们在工作日参与董事会会议时可能会与周末和家人一起度假时的状态不同。例如，头脑冷静的自信可能会变成一种悠闲的态度。

这种更灵活的自我观点直接关系到客户的表现。斯坦福大学（Stanford University）研究员卡罗尔·德韦克（Carol Dweck）开创了一个被称为"思维模式"（mindset）的研究领域。简而言之，人们往往有"固定型思维"（fixed mindset）或"成长型思维"（growth mindset）。我们大家都熟悉固定型思维，这包括人格特质和天生的能力。你可以在评论中听到相关表达，比如"他在音乐上很有天赋"或"詹妮弗很聪明"，这些陈述假设个人特征相对不变。问题是，德韦克发现思维固定的人往往表现不好。例如，在一系列针对儿童的研究中，她发现那些对自己的智力或能力持有固定型思维的人常常表现欠佳，原因是固定型思维让他们减少了努力。他们陷入了一种无法取胜的局面：如果他们表现良好，这将强化其对自己的固定的积极看法，但如果失败，就会威胁到他们的自我意识。这是什么样的选择？一方面，你可能会获得关于你已经信以为真的事情的进一步证据；另一方面，你可能会失去内心深处自己的心理基础。对才能等积极特质的固定型思维也可能是一个社会缺陷。在许多情况下，那些认为自己生来有天赋的人也倾向于认为自己有特权或优越性，这种态度可能会让人反感。德韦克及其同事还发现，固定型思维的人更容易抑郁。

思维模式的另一种选择是"成长型思维"。用这种方式思考个人属性，即使是像艺术能力或智力这样的积极属性，也适用于成长的努力。也就是说，它们是可变、可管理的，并且可以学习。在这里，德韦克对"天生的艺术家"提出了一个极好的观点，她说，一个人不需要太多训练就能做好某件事，并不意味着另一个人不能通过训练做好。这甚至适用于我们认为最基本和不变的品质，如运动能力。例如，通过参加人物绘画课程提升了肖像速写技能的人，或者是那些通过练习和经验变得越来越好的运动员可以证明这一点。事实上，芝加哥公牛队的助理教练谈到迈克尔·乔丹（Michael Jordan）这一可以说是篮球史上最伟大的球员时，评价说："他是一个天才，一个总是想提升自己的天才程度的天才。"

这就是你作为教练的作用。你可以将自己视为客户的一种升级软件。当你发现他们陷入一种固定型思维时，即使是在高自尊或积极的个人属性方面，你也可以帮助他们转向一种心理上更健康的成长型思维。但不要只是问"你怎样才能获得这种优秀的品质并更好地对其加以利用？"如果没有适当的语境，这种问题可能会让人们觉得自己像失败者。相反，不妨试着向客户询问一下他们的成长经历，让他们充满活力和自信。试着考虑以下类型的问题：

1. 告诉我你觉得自己缺乏能力的一次表现。

2. 这些年来你在哪些方面有了进步？

3. 告诉我你从错误中吸取的重要教训。

4. 你在过去一年的职业发展情况如何？

5. 你人格"规则"的例外情况是什么时候？例如，如果你认为自己是一个害羞的人，请告诉我你什么时候会不害羞？

6. 当你必须执行某件特定任务时，你希望从中学习到什么？

失败的重要性

很多对未来的思考都与对未来的积极看法密不可分。这包括对美好未来的希望和对可能成功的乐观。有时，这还包括对失败的恐惧或对未知的焦虑。在某种程度上，我们都想培养客户的积极性，那么，记住失败是学习和成长过程的重要组成部分是有意义的。没有经历失败的客户会停滞不前。尝试新鲜事物和冒险几乎意味着一定会面对失败。虽然失败几乎总是给人留下不好的印象，但它可以为有效策略和无效策略提供新的见解。这不仅仅是一种盲目的重新定义：失败是反馈，即使它会刺痛人，但还是应该被视为事关表现的有用信息源。

我喜欢做一个时间旅行者！每天我都感谢自己能够在精神上去往过去或未来。我喜欢重温自己以前的成就，甚至是最痛苦的经历。同样，我也喜欢思考明天为我准备了什么，并列出目标和梦想清单。事实证明，我们未来的方向是自己如何设定、追求目标，如何认识自己以及如何看待失败的一个丰富而有益的部分。作为教练，你可以利用自己在情感预测错误、乐观主义的激励后果以及成长型思维等方面的知识，帮助客户挖掘并保持其潜力。

POSITIVE
PSYCHOLOGY
COACHING

第五章　从此刻出发：积极诊断

在教练生涯早期，我犯了很多错误。我有时会坐着，让客户滔滔不绝地谈论，而我在一旁不插嘴。我偶尔也会分心，陷入自己的想法和计划，想接下来该说些什么。有时我会问错问题，带偏客户。尤其是，我习惯于服从客户议程。我和所有训练有素的教练一样被教导，认为客户需要拥有教练会谈主导权，而作为教练，我们的工作是将自己的评论和讨论局限于客户明确规定的议程中。这是有道理的，因为这可以保护客户免受不必要的建议的打扰，并最大限度地实现其真正想要的东西。随着时间的推移，我了解到不利的一面，即这也会限制客户。例如，我有一些客户进门想谈谈最近与一位同事的一次让他们很恼火的互动。尽管我尊重他们提出任何话题的权利，但对于这是否可以最佳利用我们在一起的时间，我持保留态度。当我成为一名更熟练的教练时，我开始表达这些担忧，并发现经常与客户合作制定议程非常有帮助，该议程首先满足了他们融入教练关系的主要目标。

客户议程通常受到近期问题、突出的互动和有限自我认识的影响。这些都不是孤立存在的问题，但也不是说当前的生活环境不应该在教练会谈中得以解决。只是客户会根据当前可用的工具和感知来制定议程，并且自然而然地会过度强调当前的困难。在某种程度上，问题似乎比一切顺利的事情都要严重。因此，教练的最大用途之一就是获取教练对客户的外部、相对无障碍的看法，这是很有道理的。作为教练，如果我们放弃了帮助客户扩展对自己和自身潜力的看法，那么我们可能会错过一个发生重要改变的关键机会。经验丰富的教练知道，虽然坚持客户的会谈议程是有意义的，但这所触及的反复出现的主题、过去的议程、客户资源或客户持续关注的问题也十分有用。坦率地说：客户议程是会谈的指南，但并不一定会妨碍我们以更普遍的方式帮助客户成长。仅仅因为客户希望在最后期限前承担责任，或者想为下周的演讲集思广益，这并不意味着就不能实现更多的主题成长。

教练的许多基础工作早在我们考虑改变过程的动机、支持和责任方面之前就已经开始了。事实上，教练最重要的部分之一是确定成长领域。通过提前花时间确定目标、行为模式、优势和劣势，我们就可以帮助客户制定最有效的个人发展计划。许多教练已经做到了这一点，不仅通过内部意见和强有力的问题，而且通过管理正式评估，如迈尔斯—布里格斯类型指标（Myers-Briggs Type Indicator，MBTI），一个基于人格的问卷，来对职业兴趣进行测量。这些类型的正式评估提供了一个确定当前问题和潜在问题的结构，并通过报告反馈和建议教练工作方向，为学习和发展奠定了基础。尽管这些评估中有许多是有用的，但这并不是积极心理学的一部分，因为它们并没有特别强调积极的特征或行为。例如，尽管 MBTI 区分了内向和外向，但没有突出其中一方优于另一方或比另一方更可取。在本章中，我想向大家介绍一种评估积极因素的正式策略。在下一章中，我将向大家介绍广泛使用的积极心理学评估。

积极心理学与积极诊断

只要人们对因果感兴趣，他们就会使用诊断（diagnosis）的概念。几千年来，医生们一直在使用诊断系统，在诊断系统中，他们观察症状和健康指标，无论是古希腊医生的体液失衡，还是现代医生的精子计数和心律，以识别疾病并开出治疗处方。虽然我们经常于临床使用"诊断"，但许多从事其他职业的人确实也使用症状来识别问题、规划策略和解决方案。例如，汽车机械师和计算机技术人员遵循结构化协议，分别评估与汽车、计算机相关的问题和性能。同样，营销顾问跟踪其目标群体的采购统计数据，以帮助规划其商业活动。在许多公司中，生产力、迟到、缺勤、安全和其他变量的指标被用于诊断员工个人的问题以及整个组织遇到的困难。

在当代精神卫生保健领域，卓越的诊断系统体现在美国精神医学学会出版的分类手册中。《精神疾病诊断与统计手册》（*Diagnostic and Statistical Manual of Mental Disorders*，*DSM*）为临床医生提供了一个复杂全面的指南，以帮助其识别客户问题，进行鉴别诊断，并制定有效的治疗计划。本质上，DSM 使用一系列症状检查表，通过这些检查表，咨询师可以探索患者最常见的抱怨，并了解哪些因素可能会或不会困扰他们的客户。

理解 DSM 诊断

精神病医生、心理学家和其他咨询师使用结构化访谈或自己对诊断标准的专业知识，来询问其客户可能指向一种或另一种疾病的近期症状。

以下是 DSM-IV 中有关惊恐发作（panic attack）标准的一个例子，这是惊恐障碍（panic disorder）的一个关键特征。

惊恐发作的标准

一段有强烈恐惧和不适的离散期，其中以下 4 种（或更多）症状突然出现，并在 10 分钟内达到峰值：

1. 心悸、心跳加快或心率加快

2. 出汗

3. 颤抖

4. 呼吸急促

5. 窒息感

6. 胸痛或不适

7. 恶心或腹痛

8. 感到头晕或晕眩

9. 现实感丧失（不确定感）或人格解体（脱离自我）

10. 害怕失去控制或发疯

11. 害怕死亡

12. 感觉异常（麻木或刺痛）

13. 寒战或潮热

这个症状检查表的优点在于，它为从业者提供了一个共享的词汇表，用于彼此以及与客户讨论症状。此外，这份长长的清单涵盖了人们报告的与惊恐发作相关的所有常见症状，这使诊断变得相当简单。出现惊恐症状的客户感到头晕、寒冷，感觉自己好像快要死了。这些症状会帮助咨询师将其诊断为惊恐障碍，而非其他障碍，如双相情感障碍或精神分裂症。这有助于咨询师缩小与客户最有效合作的方法范围，无论是开出正确的药物处方还是使用指定的咨询方法。

有趣的是，虽然"诊断"一词有临床意义，似乎与问题有明确的联系，但它也可以被积极地使用。症状可用于识别潜在和最佳表现。就像一位技工可以查看一辆旧车中保养良好的发动机，并可以指出那些状态良好且不太可能发生故障的部件。事实上，当有人去购买二手车时，他们经常把它交给技工检查。在大多数情况下，技工关心的是合适的汽车部位——那些随着时间推移会保持不变的部件——就像他们关心任何明显的问题一样。同样，医生可以通过观察一个人优秀的遗传标记、良好的饮食和频繁的锻炼来得出关于健康和长寿的结论。积极诊断的想法源于这样一个事实，即对于我们大多数人来说，我们很容易忽视自己分类、使用与成功和最佳表现相关信息的能力，而倾向于关注弱点和问题。如果"诊断"这个词对你来说仍然过于以问题为导向，那么你可以用"积极评估"或"潜力衡量"之类的短语来代替，这样会更好地引起客户的共鸣。

我坦率地承认，自己不是积极诊断思想的创始人。在我之前，许多值得注意的思想者以这样或那样的形式提出了这一观点。例如，以需求层次理论（Hierarchy of Needs Theory）闻名的心理学家亚伯拉罕·马斯洛（Abraham Maslow）希望对与自我实现（self-actualization）概念相关的行为进行编码。马斯洛观察到了他的两位导师是如何达成自我实现的，他认为他们都是杰出的人。据马斯洛说，他们从普通人群中脱颖而出，因为他们完全为使命感所征服，有如此高水平的表现，以至于表现出了与大多数人不同的个人发展阶段。从本质上讲，他们相当于个人发展领域的顶级选手。马斯洛开始着手寻找更多这样的人，直到他收集了几十个自我实现者的例子。他试图从中找出与自我实现普遍或一致相关的行为。他总结了以下 9 个标准行为。虽然它们比惊恐障碍症状检查表的离散性要小，但你仍然可以看到这提供了一个初步的诊断检查表。

自我实现行为

1. 代表完全吸收和忘我的心流（flow）状态体验。

2. 每天都要作出选择，让自己走向成长，远离防御。

3. 了解并有能力倾听自己的真实自我。

4. 诚实。

5. 深刻理解自己的使命、命运和主要关系。

6. 持续致力于个人成长，即使这意味着困难的实践和选择。

7. 建立高峰体验（peak experience），部分是通过了解如何避免自己的弱点和缺乏潜力来达成的。

8. 进行自我反思，以更好地了解自己的偏好、身份、行为倾向、坏习惯和其他方面的自我。

9. "再神圣化"（resacralization），也就是说，一个人在对世界的感知、人际关系和行动中体验一种惊奇、神圣和真正理解的感觉。

想象一下，对客户使用这种方法或非常类似的方法。为了更好地理解客户的自我实现倾向，想象一下你可能会向客户提出哪些类型的问题。你可能会问"一周内你会在办公室里预留多少时间进行自我反思？"或者"当你作出选择时，问问自己'这个选择将如何导致我个人的成长'，会发生什么？"或者"你什么时候最难对别人诚实、对自己诚实？"虽然这些问题本身不会提升客户的自我实现，但这将为重要的个人成长和更高的功能提供垫脚石。这些问题及其所代表的目标行为为我们提供了一个早期的积极诊断系统。

对于那些对积极诊断概念感兴趣的人，尤其是教练来说，另一个潜在领域是动机。大多数教练都熟悉内在动机（活动本身有回报）和外在动机（外部奖励会激励你参与不愉快的活动）的概念。此外，在这种动机理论中，还有更精细的动机，包括内摄动机（你自己充当外在激励者，如"我应该做这件事"）和认同动机（你已经完全内化了动机，并想参与一项活动，即使它不愉快）。这些形式的动机共同构成了一种连续体，从最外部的动机形式到最内部的动机形式，如图 5-1 所示。

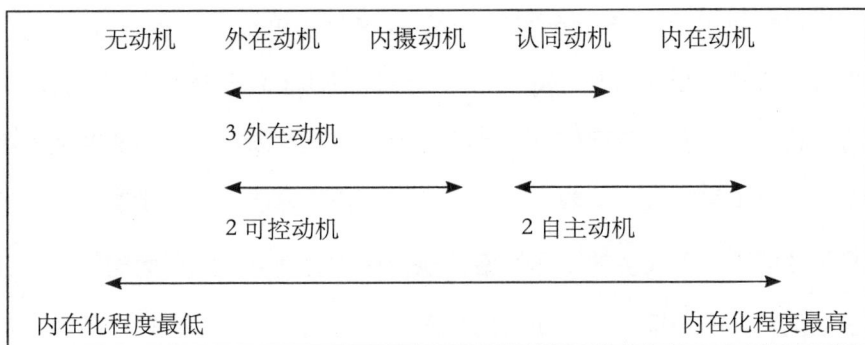

```
无动机    外在动机    内摄动机    认同动机    内在动机

         ←——————————————————→
         3 外在动机

         ←————————→        ←————————→
         2 可控动机         2 自主动机

←——————————————————————————————————————→
内在化程度最低                      内在化程度最高
```

图 5-1　动机连续体

与 MBTI 或其他更中立的评估不同，这些不同层次的动机中固有一种价值判断。大多数人认为内在动机总比外在动机好。事实上，我们假设图 5-1 中从左到右的每一步都是理想的步骤。这为积极诊断的框架创建了一个很好的基本示例。教练可以使用此图表，将客户置于一个发展的连续体中，并欣赏其进步和奋斗。例如，想象一下，一位客户来参加会谈，和你说他们欣然接受了机会，完成了一项令人不愉快的任务，因为他们想象了作为其教练的你会说什么。在这里，你可以看到一位客户正处于从外在动机过渡到内摄动机的激动人心的转变。你的客户开始能够激励自己，而不是被老板、配偶或其他有影响力的人强迫采取行动，即使这一转变是通过施加外部压力来达成的，例如即将到来的教练会谈。能够区分不同形式的动机可以让你把客户置于动机连续体中的一个特定位置，并提供见解，以最好地激励他们采取行动。

这类似于我自己得出的与孵化器相关的理论和研究。孵化器是指那些通常具有高度智慧或创造力，且有拖延史的人，他们把工作推迟到最后一刻。

然而，与拖延者不同，孵化器在最后时刻充满活力，在压力下不断成长，并持续进行高质量的工作。这种区别不仅是学术上的，这对人们来说很重要，因为其自我被这些标签所掩盖。例如，孵化器几乎总是被贴上拖延者或失败者的标签，并且有对自己过于苛刻的习惯。与我共事过的大多数孵化器都因为自己倾向于等到最后一刻才开始行动而自责。然而，一旦被贴上孵化器的标签并理解了这种天生的工作风格，他们往往会感到一种巨大的解脱，并摆脱了拖延项目的困境。通过使用两个简单的问题，你可以轻松诊断客户的工作风格：首先，询问他们在截止日期前多久开始工作。他们通常是提前制定计划的人吗？还是说他们倾向于推迟工作？接下来，询问他们的总体工作质量。他们通常会高质量地完成工作吗？还是工作结果平庸或不达标？在一项针对大学生的初步研究中，仅这两个问题就能够区分动机工作风格。表 5-1 可以帮助你了解对这两个简单问题的回答如何让客户知晓他们的自然工作习惯、值得骄傲的领域以及可能需要个人发展的领域。

表 5-1　基于期限和质量的工作风格

	我的工作质量一直很高	我的工作质量平平无奇
我需要迫在眉睫的最后期限来进行激励	孵化器	拖延者
我喜欢早点开始做事	规划者	磨洋工者

马斯洛和其他动机研究人员并不是唯一一组推动对高绩效进行更全面理解的人。从现代积极心理学运动一开始，其创始人马丁·塞利格曼就认为，强调心理疾病的传统心理学只是"心理学的一部分"。早些时候，他主

张制定一个包含优势的研究议程，并建议治疗师在扩大客户优势的同时解决弱点，这会更有成效。塞利格曼渴望找到一种正式的方式来帮助心理学家识别客户的正确之处以及可能的错误之处。他和同事克里斯·彼得森（Chris Peterson）创建了 VIA 优势评估（VIA assessment of strengths），其中列出了24 种个人美德，如勇气、宽容和创造力，这些美德存在于不同文化中，并在不同的历史中经久不衰。彼得森和塞利格曼将自己的工作视为 DSM 的智力对应物，如果你愿意的话，可以称之为一个反 DSM（un-DSM）。如今，许多积极心理教练在与客户的合作中会使用 VIA 优势评估。

尽管 VIA 优势评估代表着我们对优势的理解向前迈出了一大步，并为积极诊断建立了良好的开端，但我们在一些重要方面还存在不足。以 DSM 为例，DSM 系统最值得注意的特征之一是其多轴特性（multiaxial nature）。DSM 诊断涉及不同领域的信息，如身体健康、精神障碍症状和社会压力，以更完整地了解客户的困难。根据美国精神医学学会（DSM 的出版方）的说法，多轴诊断提供了"一种方便的模式，用于捕捉临床情况的复杂性和描述具有相同诊断的个体的异质性"。这种多维方法正是 VIA 所缺乏的，也是积极诊断需要进步的地方。毫无疑问，评估个人的优势是一项值得追求的工作，但孤立地进行评估并不能全面地了解客户作为一个整体的情况。

积极诊断系统的建议

在其他专家的投入下，我开发了一个初步的积极诊断和评估系统，为"这个人的哪些方面是对的（而非错的）"这个问题提供了全面的答案。该系统以马斯洛、塞利格曼和其他研究人员的思想为基础。需要再次强调的是，我使用"诊断"一词的目的是隐含最普遍的定义，即识别现象的原因，而不是用这个词来关注问题或缺陷。与 DSM 一样，该系统旨在收集反映人类积极功能的不同方面的多个信息流。如果每个轴满足以下 3 个标准，则将其包括在该诊断系统中：

1. 它代表了一个经过充分研究的积极功能领域。

2. 它代表了一个与其他轴有实质性差异的领域，即使这些领域之间相互作用。

3. 它提供了有用信息，用于作出理想改变或过上主观上的更好生活。

该系统主要供教练、治疗师、教育者和其他改变推动者使用，以让其能够更好地与客户合作。综上所述，该系统中包含的 5 个积极功能轴提供了多个功能领域的广阔视野，并呈现了客户潜力的全面图景。这种诊断不需要取代其他评估，如 MBTI，但可以作为这些常用教练方法的辅助手段。此外，我的个人提醒是，这个积极的诊断系统是一个初步的步骤。我认为应该召集一个一流的小组来改进这些想法，并为教练使用的综合系统制定专业标准。虽然我在这里提出的系统可能会在未来几年内进行一些小的修改，但即使是目前的形式，对教练来说也是有用的。

阿曼达·里维（Amanda Levy）是积极工作场所联盟的高级教练和联合创始人。在其为期一年的新兴领导者和管理者培训计划中，她友善地与 6 个人一起试用了这个诊断系统。在每一个案例中，这些客户都对进行评估的前景感到兴奋，阿曼达以"评估你的积极因素（基于优势的思考重点）"的名义介绍了这一评估。她列出了与客户使用这种方法的好处。

我从积极诊断结果中学到了什么

- 当已经与客户建立良好关系时，效果会尤其好。

- 客户对"什么适合我"的评估极为欣赏。

- 所有评估同时提供了一个全面的图景。

- 拥有这样一个基于优势的视角，尤其是在困难时期，是非常有用的。

- 评估会衍生出一些业务或组织对话。

- 与我们刚开始合作时相比，这些人更具自我意识和开放性，这让我们能够一起开展更多合作，并有机会进行更广泛、更深入的对话。

客户从积极诊断中学到了什么

- "能了解事情的另一面是件很好的事。"

- 更多地了解其优势和观点（他们通常没有机会回顾）。

- 看到美好的事物及感觉良好是多么美好。

● 我们的注意力总是集中在消极的或需要改进的机会上（"有时很难对这么多积极的自我关注感到满意"）。

● 更多关于其可用优势和资源的信息。

● 观点对自我、生活和他人可能会产生影响（尤其是在非最佳结果上）。

● 可能发生改变的领域。

● 他们忽略了多少积极的事情，认为其理所当然或没有花时间去承认、品味和表达感激。

● 积极体验的微妙差别和多样性。

● 如何在描述积极事物时不使用"积极"这个词，这样听起来会很舒服。

● 如果有人没有得到像我这样的结果呢？他们会有什么感觉？他们能应对生活中的挑战吗？

建议的积极诊断系统
第 1 轴：能力
第 2 轴：幸福感
第 3 轴：未来取向
第 4 轴：情境助益者
第 5 轴：价值

第 1 轴：能力——优势、兴趣和资源

能力是客户的潜力。这包括 3 个相关领域：优势、兴趣和资源。

优势

具有讽刺意味的是，能力可能是你最熟悉的积极诊断和评估的方面，也是你目前错过重大机会的领域。能力是指客户天生的潜力，主要由优势和个人资源组成，定义广泛。尽管大多数教练会询问客户的个人资源和当前机会，但有时也会忽略天生优势。为了获得客户能力的完整视图，我建议使用优势测量和资源清单。对于优势测量，我鼓励您使用 Realise 2 优势评估工具来识别客户的优势，并讨论客户做得好的方面。我特别喜欢 Realise 2，因为它能够区分优点、缺点和习得的行为，为优势评估提供了更为复杂的方法。类似地，其他优势测量，如克利夫顿优势识别器（Clifton Strengths Finder）或 VIA 也可用于识别客户的优势。

> 使用优势评估的简要指南
>
> ● 使用 Realise 2、VIA 或其他优势评估的最基本也是最常见的方法是用其识别客户的首要优势，并就此展开讨论。典型的问题包括以下几点：你对这些优势中的哪一种感到惊讶？你该如何更好地利用这种优势？你认为以下哪一种优势对你来说是自然的？在你看来，哪一种可能不是优势？

● 使用这些信息的更复杂的方法，是讨论优势的最佳使用。这里的问题可能包括那些违反直觉或不太明显的问题：你什么时候想减弱这种优势？哪种情况能激发你的这种优势？哪些情况会阻碍你使用这种优势？你能改变什么，让你有机会更多地利用这种优势？你如何将其中的两种或多种优势结合起来？举出一个实例，说明两种优势结合在一起产生的结果优于单独使用其中一种优势。

● 要进一步了解能力的优势，请尝试与客户合作，识别、发展和使用各种优势。与他们合作，建立优势词汇表，以便其能够轻松识别和标识自己生活中的优势。没有必要限制什么是合格的优势——热情好客、在最后一刻挺身而出、帮助他人平静下来——一切都是平等的。注意：你自己做得越好，使用这种材料就越容易。以我的经验来看，这是教练获得最大收益的地方。

兴趣

除优势以外，能力轴还包括兴趣。你可能熟悉约翰·霍兰德（John Holland）的作品中的兴趣，他创建了一个兴趣分类，可以用来评估职业适合度。霍兰德的兴趣类别（图5-2）包括现实型（realistic）、探索型（investigative）、艺术型（artistic）、社会型（social）、企业型（enterprising）和常规型（conventional）。根据霍兰德的观点，图表上彼此接近的兴趣类别比图表上彼此相对的兴趣类别更有可能相互关联。例如，被调查活动所吸引的人，通常更可能对与艺术兴趣相关的思维感兴趣，而非对与企业兴趣的竞争环境相关的思维感兴趣。兴趣是职业和活动适合度的标志。你和客户可以进行职业兴趣自测（Self-Directed Search），这是一种基于霍兰德作品的兴趣清单，不需要资质证明。同样，你和客户可以采用斯特朗兴趣量表（Strong Interest Inventory，SII）来测量职业特定兴趣。管理、解释 SII 结果需要资质证明。

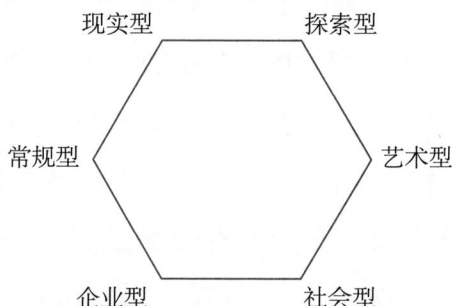

图 5-2　霍兰德提出的共同兴趣

测量客户兴趣对于更好了解其优势至关重要，因为个人偏好和兴趣在一定程度上决定了人们如何选择发展自身优势。没错，大多数人认为优势是一个人内部存在或不存在的自然能力。例如，有些人可能是艺术型的，也可能不是。有趣的是，事实证明，优势与兴趣相互作用，决定了人们如何作出重要的人生决定，并选择发展自己的卓越优势。考虑一下范德堡大学（Vanderbilt University）研究人员戴维·卢宾斯基（David Lubinski）及其同事进行的一系列研究：在一项研究中，卢宾斯基团队调查了有才智的研究生的工作偏好，几年后，当研究参与者大约 35 岁时，再次对他们进行调查。研究人员发现这些年来他们的工作偏好发生了巨大变化。例如，研究中的年轻男性一开始主要关注其教育和"自我定位",但在后续研究中,他们更关注"取得成功"。在工作中,对友谊、满足感和享受的倾向逐渐被强调领导机会和绩效工资所取代。他们与才华横溢的女性之间也存在着内在的差异。尽管女性和男性一样有可能在大学担任终身教职,但女性成为全职妈妈的可能性是男性成为全职爸爸的 9 倍。此外,虽然研究中的所有年轻人都认为灵活的工作时间安排和更少的工作时间十分重要,但是 35 岁的母亲在随访中比同龄人更看重这些工作方面。在另一项研究中,卢宾斯基团队观察了数百名天才的工作表现。这些人 13 岁时,在智力标准化测试中排名前 1%。在 20年后的随访中,研究人员发现,基本的智力水平并不能够预测未来生活中的具体成就,而"智力倾向"(intellectual tilt)则可以。当研究人员从数学分数中减去言语分数,有效地确定 13 岁的孩子是否更倾向于人文学科或定量学科时,他们发现这种倾向并不能预测个人是否成功,而是可以预测其取得成功的类型,见表 5-2。

表 5-2 智力倾向预测成功类型

语言倾向	科学、技术、工程倾向
更有可能出版小说	更有可能申请专利
更有可能获得人文学科博士学位	更有可能获得医学博士学位

换言之,在 13 岁时进行的一次为期 3 小时的测试中,早慧儿童的自然兴趣可靠地预测了他们在以后的生活中会享受到的特定类型的工作成就。综上所述,这些研究表明,人们的自然倾向和兴趣与其基本优势相互作用,这让他们朝着一个方向前进,而远离其他方向。不管这些倾向是遗传、社会化

还是个人偏好的产物，都强烈地影响着一个人如何选择展现自己的才能。因此，不应孤立地看待优势，而应将优势与兴趣结合起来，以更好地了解每个客户可能采用的最佳方式。

将教练兴趣作为能力的简要指南

● 使用正式的测量工具或结构化访谈来评估客户兴趣。客户兴趣将基于其基本价值，并能提供强烈的动机。将这些兴趣作为主题牢记在心，并在会谈中适当提及。考虑诸如"你什么时候最投入工作？""你与哪些同事有共同兴趣？""你过去的哪些选择让你能够更充分地追求兴趣？""为了让工作更有趣，你可以有什么改变？"等问题。

● 与客户合作，了解其优势和兴趣是如何相互作用的。你可以考虑问一些问题，例如"当你使用某种优势时，你对该活动的投入程度如何？这说明你的兴趣水平如何？""你如何利用会弱化兴趣的优势？""你的优势和兴趣在哪里表现最为一致？哪些活动将这两个领域结合在了一起？你多久参加一次这些活动？"

● 考虑"优势 × 兴趣"时间表活动。这里有一个例子：让客户把一张纸侧向（横向）放好并在中间画一条线。然后，让客户在这条线上的不同点上，指出主要的生活变化，可能包括大学毕业、结婚、转行或其他重要的转变。在每个关键时刻，让客户说出自己必须作出的选择，以及自己的优势和兴趣是如何帮助引导这些决策的。作为教练，你需要倾听结合了所有这些主要生活事件的总体主题，将这些主题反馈给客户并进行讨论。

● 运用"优势倾向"的概念。客户的具体优势是如何根据自己的兴趣、价值和偏好以独特的方式体现的？例如，一个勇敢的人如何使用优势，从而与另一个勇敢的人表现不同？很容易就可以想象，一个勇敢的人乐于帮助他人，然后成为一名救死扶伤的医生，而另一个很重视正义的勇敢者却成为一位伸张正义的人。询问一下客户："这种优势如何与自身兴趣和价值相互作用？""你和其他拥有同样优势的人有何不同？""你在利用这种优势时作出了哪些选择，是什么促使你作出了这些具体决定？"

资源

能力的最后一方面是资源。资源包括金钱、时间、健康、社会支持、专业知识以及可以帮助客户追求卓越的其他因素。此处包含的资源相关性检查表可以作为一种有用的工具，用于确定客户可能忽视的问题的潜在解决方案。使用结构化评估可以让你快速询问各种潜在资源，而不用担心会忽视任何资源。动机和幸福心理学的研究表明，个人资源，如智力和家庭支持，可以预测毅力、成功和幸福感。关键并非在于一个人是否有资源（我们都有），而是这些资源是否与目标相关。你无论在哪里看到高相关性分数，都可以有机会进行教练讨论，讨论如何增加特定资源或对其更优化地加以利用。这还可以帮助客户确定工作领域和可能产生自我批评的领域。

资源相关性检查表

以下是常见的个人资源列表。请用 1～10 分来评价您对自己生活中每种资源的满意度。将分数写在提供的"满意度"横线上。接下来，用 1～10 分来评估这些资源与您当前面临的问题或挑战之间的相关性，10 表示相关性最高。将分数写在提供的"相关性"横线上。

1·······························5···························10

最不满意   特别满意

	满意度	相关性
1. 家庭支持	＿＿＿	＿＿＿
2. 精力／激情	＿＿＿	＿＿＿
3. 信心	＿＿＿	＿＿＿
4. 社交技能	＿＿＿	＿＿＿
5. 可寻求帮助的导师	＿＿＿	＿＿＿
6. 职位	＿＿＿	＿＿＿
7. 健康	＿＿＿	＿＿＿
8. 金钱	＿＿＿	＿＿＿
9. 自信	＿＿＿	＿＿＿
10. 智力		＿＿＿
11. 工作自律性	＿＿＿	

12. 演讲技巧　　　　　———　　　　　　　———

13. 专业知识　　　　　———　　　　　　　———

14. 有影响力的或专业的关系　———　　　　———

15. 情绪自控力　　　　———　　　　　　　———

16. 过往经验　　　　　———　　　　　　　———

最后，您可以将优势、兴趣和资源放在一起，以代表客户的整体能力。为此，让客户列出自己最常利用的 2 种或 3 种优势，并检查这些优势是如何受其自身独特兴趣影响的，以及自身拥有哪些与目前正在面对的目标或问题相关的资源。

$$能力 = 优势 + 兴趣 + 相关资源$$

第 2 轴：幸福感——生活满意度和心理幸福感

良好的教练是建立在了解客户当前和日常生活状况的基础上的。在开始会谈时，我们通常会以标准检查问题开始："你好吗？"这提供了一种社交捷径，让我们了解客户当前的情绪状态和紧迫的担忧。当客户过度情绪化时，我们使用"澄清"（clearing）为其提供发泄空间，然后投入教练工作。事实上，使用某种形式的"你好吗？"类的问题是一种很好的方法，可以制定教练议程，为正在进行的讨论指定主题，并跟踪进展。幸运的是，积极心理学家花了几十年的时间开发了广泛使用、可靠和有效的幸福感测量方法。其中许多测量都附带了用于比较的常模，你可以使用这些测量方法来建立客户幸福感的基准，并跟踪其随时间发生的变化。我在这里提供以下两个简短且易于使用的评估。

生活满意度量表（Satisfaction with Life Scale，SWLS）

以下是 4 项您可能同意或不同意的陈述。使用所示的 1～7 分评分，通过在每个项目前的横线上填写数字，来表示您对每个项目的同意度。请开放和诚实地进行回答。

7	6	5	4	3	2	1
强烈同意	同意	略微同意	不同意也不反对	略微反对	反对	强烈反对

1. ____在大多数情况下，我的生活接近理想状态。

2. ____我的生活进展很顺利。

3. ____我对自己的生活感到满意。

4. ____到目前为止，我已经得到了生活中想要的东西。

5. ____如果能重新开始自己的生活，我几乎什么都不会改变。

要计算 SWLS 评分，只需将数字相加，得出 5～35 分的总分数，其中 20 分代表中间值，20 分以上表示满意度较高。SWLS 的"正常"分数介于 21～25 分，这表明大多数人对自己的生活比较满意。

满意度测量，如 SWLS，被广泛应用于各行各业。酒店和餐厅会进行客户满意度调查，组织有时会跟踪员工的工作满意度。满意度是使用各种不同信息对质量进行的心理判断。SWLS 已经过实证验证，是世界上使用最广泛的满意度测量方法。鉴于 SWLS 提出了全面的问题，它随着时间的推移表现出了良好的稳定性。你可以通过问一些问题来轻松利用这一评估，比如"你会怎么做才能将分数提高 0.5 分？"或者"如果你的分数增加 1 分，将会有什么不同？"你还可以通过查看特定项目的答案来使用 SWLS。例如，大多数成年人在生活中都会有一些让自己后悔的事情，因此，在第 5 项中发现分数略低也并不罕见。出于教练目的，你可以考虑针对每个项目提出后续问题（如下一个专栏所示）。

SWLS 的后续工作：项目与后续问题

1. 在大多数情况下，我的生活接近理想状态。

"告诉我，你的理想是什么？"

"你一生中什么时候最接近理想？"

"你的理想是如何发生改变的？"

"你可以做哪些事情，来让生活更加理想？"

2. 我的生活进展很顺利。

"你生活的哪些方面进展顺利？"

"哪些方面进展不太顺利？"

"描述一下平衡的生活会是什么样子。"

"有哪些因素帮助你实现这一卓越成就？"

3. 我对自己的生活感到满意。

"你对生活中的哪些方面最为满意？"

"你希望可以在生活中的哪些方面获得成长？"

"别人会如何评价你的生活？"

"你想在多大程度上尽情享受当前环境，或者想尝试进行优化？"

4. 到目前为止，我已经得到了生活中想要的东西。

"你最看重的东西是什么？"

"你还想实现什么？"

"你已经得到了曾经想要得到的东西，这件事中谁的帮助最大？"

"你认为自己为什么想要这些特别的东西？"

5. 如果能重新开始自己的生活，我几乎什么都不会改变。

"现在你能做些什么来减少遗憾？"

"你从犯过的错误中吸取了哪些重要教训？"

"你的后悔对自己当前的决策过程有什么影响？"

"你认为后悔和风险承担程度之间有什么联系？"

　　幸福感研究的另一常见概念为"心理幸福感"（psychological well-being）。研究人员没有研究积极感受或生活满意度，而是对心理幸福感产生了兴趣，即假设人在实现基本心理需求时会干劲十足。其中最著名的是威斯康星大学（University of Wisconsin）研究员卡罗尔·里夫（Carol Ryff）及其同事进行的研究。这些需求包括自我接纳、成长、生活目标、自主性、联结性和熟练度。我和同事开发了一种简短有效的心理幸福感测量方法，并发现其聚合效度良好，同一概念的测量更长。心理幸福感量表（Psychological Well-Being Scale，PWBS）如下所示。

心理幸福感量表

接下来是 8 项您可能同意或不同意的陈述。使用所示的 1~7 分评分，在提供的空白处填写您对每项陈述的评分，表明您对每项陈述的同意程度。

1	2	3	4	5	6	7
强烈不同意	有点不同意	略微不同意	中立	略微同意	有点同意	强烈同意

1. ＿＿＿我的生活既有目标又有意义。

2. ＿＿＿我的社会关系是支持性且有益的。

3. ＿＿＿我参与自己的日常活动，并对其很感兴趣。

4. ＿＿＿我积极地为他人的快乐和幸福感作出贡献。

5. ＿＿＿我能够胜任对自己十分重要的活动。

6. ＿＿＿我是个不错的人，过着美好的生活。

7. ＿＿＿我对自己的未来持乐观态度。

8.＿＿人们会尊敬我。

要给 PWBS 评分，只需将项目 1～8 的得分相加即可。这样就会得到 8～56 分的总分数，总分数越高，整体幸福感就越高。

PWBS 可以用与 SWLS 基本相同的方式和你的教练客户一起使用。这不仅提供了客户整体幸福感的可靠缩略图，而且 PWBS 上的特定项目可以作为切入点，让你和客户进行与熟练度、目标、关系、自我接纳、自主性和成长等概念相关的深入对话。

第 3 轴：未来取向

专业教练文献中有许多专家提供教练定义的例子。通常，关于何为教练的讨论包括对比心理治疗和其他专业帮扶关系的教练。在这些区别中，一个共同的重点在于教练的时间取向。时间取向（time orientation）是指人（教练、客户）分别关注过去、现在和未来的程度。作为个体，我们都会花时间来回忆过去、体验现在、规划未来。心理学家菲利普·津巴多（Philip Zimbardo）和伊洛娜·博尼维尔（Ilona Boniwell）认为，时间取向相对平衡是十分有利的。回顾过去可以直面传统与认同，体验现在让人时刻留心、保持清醒，规划未来帮助创造乐趣、实现成功。作为一种专业对话，相比于心理治疗，教练更倾向于关注未来，而心理治疗则更倾向于关注过去。当然，这并非两种努力之间的唯一区别，而是一种简单区分，但确实大部分教练都会为未来表现制定计划，并在实现未来目标并取得进展方面作出假设。因此，了解客户对未来的看法十分重要。了解其对未来成功的怀疑或希望程度不仅十分有用，同时也是教练成功的预测因素。第3轴的积极诊断是一种未来取向，这包括了对更好未来所寄予的希望。

心理学家里克·斯奈德（Rick Snyder）开创的希望理论（Hope Theory）表明，乐观主义主要是一种对未来的思考，而满怀希望的人在两种类型的思维中，即代理思维（agency thinking）和路径思维（pathways thinking），占有较明显优势。代理思维意味着个体相信自己有能力部分把控未来结果。这很有意义，因为那些认为自己有能力影响未来积极成果的人，更有可能满怀希望、承担风险、坚持不懈，并最终取得成功。路径思维意味着如果个人行动受阻或者遭遇挫折的话，他们会想出其他方案加以解决。从本质上讲，如果人在思维方式上处于高位，那么其创造力会更强，因为他们更专注于最终目标，而非实现目标的特定过程。

成人希望量表（Adult Hope Scale）

请仔细阅读每一项。请利用所示评分，选择最能描述自身情况的数字，并将该数字填入提供的横线处。

1	2	3	4
绝对错误	大部分错误	有些错误	少许错误

5	6	7	8
少许正确	有些正确	大部分正确	绝对正确

____ 1. 我能想出许多方法来摆脱困境。

____ 2. 我积极追求自身目标。

____ 3. 我大部分时间都觉得疲惫。

____ 4. 每个问题都有很多解决方法。

____ 5. 在争论中我很容易被击倒。

____ 6. 我能想出很多方法来获得生活中对自己重要的东西。

____ 7. 我担心自身健康。

____ 8. 即使其他人感到沮丧，我也知道自己能找到解决问题的方法。

____ 9. 我过去的经历为未来作好了准备。

____ 10. 我的生活十分成功。

____ 11. 我常发现自己在担心什么。

____ 12. 我实现了自己设定的目标。

注：该量表在施测时，一般被称为"未来量表"（Future Scale）。代理思维子量表得分是将第 2、9、10 和 12 项得分求和得出的；路径思维子量表得分则是将项目 1、4、6 和 8 得分求和得出的。希望量表总得分是将 4 个代理思维项目和 4 个路径思维项目相加得出的。

与客户共同使用希望理论的方法有多种。首先，你可以用其进行诊断。当听到客户明显缺乏希望时，你可以试着倾听他们的想法。例如，"我永远也做不到"之类的话暗示了代理思维的问题，而"我就是不知道怎么做"之类的话则似乎暗示了路径思维方面的问题。尝试利用技巧以促进对自我的积极看法，可提高代理思维。利用认可或找到技能导师可以帮助客户感觉更有能力，他们也会因此更有希望。如果问题在于路径思维，那么可以尝试利用头脑风暴来帮助客户转向用更具创造性的方式来解决问题。

第 4 轴：情境助益者

虽然有人说，成功的很大一部分只在于出现，但我想改一下这句话。我认为这句话应该改为"成功的很大一部分在于在正确的时间和地点出现"。对于许多人来说，"只在于出现"的问题与缺乏勇气或动力无关。相反，这些困难可能取决于是否缺乏自知之明，也可能取决于不确定人才在哪里可以得到最佳利用或哪些机会才最有价值。了解自己的最佳工作习惯和帮助实现成功的情境类型，是挖掘自身潜力的关键一步。积极诊断的第 4 轴是"情境助益者"。这些情境——无论是一天中的时间、物理工作空间还是社会支持——都可以助人成功。

我曾有 10 多位客户有着大致相同的基本问题：他们知道自己想要从事一种工作，但却因报酬更高或就业机会更好而从事了另一种工作。例如，我曾接触过一位名叫坎迪斯的女士，她知道自己想开家咨询公司。坎迪斯聪明、足智多谋，并且有很强的上进心。但即便如此，她也不确定该从哪里开始创业。我们找到了一位导师和相关书籍，随后她开始学习。然而，坎迪斯一直被为他人全职工作的诱惑所吸引。一方面，这种就业风险较小、稳定性较好的工作吸引住了她。另一方面，她有很强的独立性，常会因为他人工作而感到压抑。最后，坎迪斯和我研究了能让她发挥最大潜能的各种情境。我们谈论了她最富有成效的工作习惯、最热情的支持者以及生活中的职业机会。最终，她明白，虽然自己不想在别人手下工作，但是也不想独自工作。最后，了解她的情境助益者帮助坎迪斯清楚地认识到，与合作伙伴合作并开展咨询业务将为她提供所渴望的稳定性和独立性。

情境助益者量表

试想一下您最成功的时候，并用1~7分来表示您对以下关于何时处于最佳状态、工作效率最高或最成功的陈述的同意程度。

1. 我知道自己何时处于最佳状态。

1	2	3	4	5	6	7
强烈不同意	有点不同意	略微不同意	中立	略微同意	有点同意	强烈同意

2. 我喜欢合作。

1	2	3	4	5	6	7
强烈不同意	有点不同意	略微不同意	中立	略微同意	有点同意	强烈同意

3. 我通常喜欢独立工作。

1	2	3	4	5	6	7
强烈不同意	有点不同意	略微不同意	中立	略微同意	有点同意	强烈同意

4. 当有时间可以仔细计划时，我会工作得更好。

1	2	3	4	5	6	7
强烈不同意	有点不同意	略微不同意	中立	略微同意	有点同意	强烈同意

5. 我可以在压力或紧急情况下保持冷静。

1	2	3	4	5	6	7
强烈不同意	有点不同意	略微不同意	中立	略微同意	有点同意	强烈同意

6. 我清楚最有利于自己高效工作的外部环境。

1	2	3	4	5	6	7
强烈不同意	有点不同意	略微不同意	中立	略微同意	有点同意	强烈同意

7. 我清楚自己在白天什么时候工作效率最高。

1	2	3	4	5	6	7
强烈不同意	有点不同意	略微不同意	中立	略微同意	有点同意	强烈同意

8. 我从配偶（伴侣）那里得到的支持，是获得成功的重要部分。

1	2	3	4	5	6	7
强烈不同意	有点不同意	略微不同意	中立	略微同意	有点同意	强烈同意

9. 我从朋友那里得到的支持，是获得成功的重要部分。

1	2	3	4	5	6	7
强烈不同意	有点不同意	略微不同意	中立	略微同意	有点同意	强烈同意

10. 我从上司那里得到的支持，是获得成功的重要部分。

1	2	3	4	5	6	7
强烈不同意	有点不同意	略微不同意	中立	略微同意	有点同意	强烈同意

11. 我可以很容易地说出此时自己能够获得的机会。

1	2	3	4	5	6	7
强烈不同意	有点不同意	略微不同意	中立	略微同意	有点同意	强烈同意

要对情境助益者量表进行评分，只需对第 1 项和第 6~11 项的数字进行求和，即可得出介于 7~49 分的总分数。总分数越高，客户就越了解自己最富成效的工作方式、机会和支持者。第 2~5 项将帮助客户识别特定的工作偏好。

这种测量情境助益者的方法有两个目的。第一，这可以测量客户的自我认知。一些客户可能不太了解自己的高效工作习惯，也不太了解支持帮助其成功的诸多方式。这就像聚光灯一样，将光束照射到支持和机会的领域，而这是客户先前所不知道的。第二，这种评估可以带来更深入的讨论，来探讨客户应在何时、何地以及与谁进行沟通，以达到工作的最佳状态。你可以将情境助益者这一概念作为教练对话的一部分，试着考虑询问以下问题：

1. 谁是最支持你的人？

（他们在你身上看到了什么？他们是如何表示支持的？将来你可以从他们那里得到什么？）

2. 你会在什么时候处于最佳状态？

（你平时早起还是晚起？你对截止日期、会议、周末工作有什么看法？你在什么时候会想到好主意？）

3. 你会在什么地方处于最佳状态？

（在你有最佳表现时，你的工作环境怎么样？这个房间什么样？照明情况如何？有装饰吗？开放状况如何？你在那里待了多久？）

4. 你在什么样的情境中能表现出最好的一面？

（你喜欢团队工作还是喜欢单独工作？你对接纳式学习与体验式学习有何看法？你花了多少时间来处理信息？你是个怎样的人？你需要怎样的工作环境？你有幽默感吗？）

第 5 轴：价值

积极诊断的最后一轴是价值。当然，价值是指个体认为重要的个人信念和理想，并以此作为决策和评估他人行为的指南。价值是我们自身基因、家庭教养、文化背景以及生活中独特经历的产物。虽然我们可能无法在同一价值上达成共识，但每个人都有自己的价值。作为一名教练，对你来说，了解自己和客户的价值尤为重要。了解客户的价值，可以帮助你作出决策并规划个人和职业发展轨迹。跨文化心理学家沙洛姆·施瓦茨（Shalom Schwartz）对来自数十个国家的数万名受访者进行了研究，以确定文化上普遍的价值主题。他确定了 10 个这样的主题（见图 5-3）。他认为，这些主题不仅在全球范围内流行，而且相邻主题高度相关，这意味着一个人对某种价值认同程度高，就更有可能对相邻的价值而不是相对的价值更认同。

图 5-3　个人价值的 10 个主题

个人价值调查

　　以下是 30 项简短描述。请使用量表来测量每一项描述与您自身情况的相似程度。

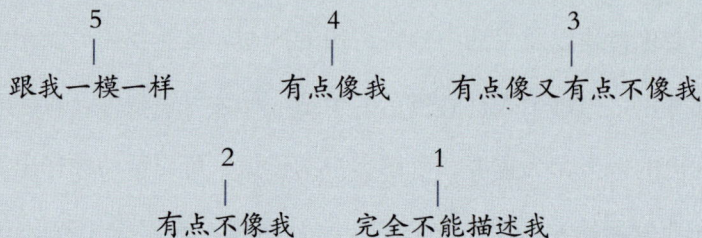

5	4	3
跟我一模一样	有点像我	有点像又有点不像我

2	1
有点不像我	完全不能描述我

1. 我喜欢尝试新鲜刺激的事物。＿＿（刺激）

2. 帮助他人是最重要的事。＿＿（仁爱）

3. 我坚信要争取平等。＿＿（普遍主义）

4. 成功很重要。＿＿（成就）

5. 我认为遵守规则十分重要。＿＿（一致性）

6. 我重视自己的创造力和个性。＿＿（自我导向）

7. 如果感觉不错，就去做吧。＿＿（享乐主义）

8. 传统是我的基础。＿＿（传统）

9. 我渴望权力。＿＿（权力）

10. 我喜欢按部就班，不喜欢突如其来的事情。＿＿（安全）

11. 我通常按照别人告诉我的去做。＿＿（一致性）

12. 我喜欢为"失败者"挺身而出。＿＿（普遍主义）

13. 我寻求生活中的乐趣。___（享乐主义）

14. 我喜欢告诉别人该做什么。___（权力）

15. 关心他人是生活中最重要的事情之一。___（仁爱）

16. 我渴望新奇的事物。___（刺激）

17. 无论发生什么，我都坚持自己的核心价值。___（自我导向）

18. 对我来说，仪式感很重要。___（传统）

19. 实现目标是人生最大的乐趣之一。___（成就）

20. 我渴望一种可预测的生活。___（安全）

21. 我喜欢忙碌。___（刺激）

22. 我喜欢掌控局面。___（权力）

23. 我想了解未来会发生什么。___（安全）

24. 我的最高目标是为人类服务。___（仁爱）

25. 按惯例做事比试图改变更重要。___（传统）

26. 对我来说，对自我的真实感觉十分重要。___（自我导向）

27. 寻求快乐和避免痛苦是合理的。___（享乐主义）

28. 所有人基本上都是平等的。___（普遍主义）

29. 人们在遵循既定的规则时，事情会更加顺利。___（一致性）

30. 得到生活中想要的东西，是我最重要的价值之一。___（成就）

> 在向客户展示个人价值调查时，可以删除每个项目后括号中列出的价值。这些是出于评分目的列出的，应在施测之前删除，以免影响客户的回答。为了给个人价值调查打分，可以计算 10 个价值主题中的每一个主题的总分。每个主题由 3 个项目组成，因此每个主题应有 3 个分数，主题总分介于 5~15 分。要特别注意 12~15 分的人群。

个人价值调查可用于提高客户的自我意识，并有助于你与客户展开对话，讨论如何实现这些价值，或如何利用这些价值来进行决策。可以考虑问些问题，比如"你的价值在整个成年生活中是如何改变或保持不变的？""你认为这项调查对体现你价值的准确程度是多少？""这些价值在你的日常生活中是如何体现的？""你在日常生活中的哪些地方体现了这些价值？其体现形式是使命宣言，还是办公室里保留的象征物？"个人价值调查还可用于确定价值冲突的潜在来源，无论是在客户的内心，还是在客户的人际互动之间。

积极诊断总览

第 1 轴：能力——优势、兴趣和资源

● 优势评估，如 Realise 2

● 兴趣清单，如职业兴趣自测

● 资源相关性检查表

第 2 轴：幸福感——生活满意度和心理幸福感

● 生活满意度量表

● 心理幸福感量表

第 3 轴：未来取向

● 成人希望量表

第 4 轴：情境助益者

● 情境助益者量表

第 5 轴：价值

● 个人价值调查

最后，积极诊断是积极心理学最伟大的领域之一，也是教练领域的一种潜在的巨大好处。积极诊断这种方法虽然仍处于初级阶段，但它提供了一个机会，可以规范成功、测量潜力，并为讨论人类基本能力创造共享词汇表。这里介绍的系统代表了迈出创建一门真正全面的心理健康科学而非精神疾病科学的重要一步。然而，这只处于初级阶段。引领积极诊断的教练阿曼达·利维报告说，在试行积极诊断系统时发现存在一些困难。例如，对此处列出的所有测量进行评分可能有点麻烦。如果你打算广泛应用该系统，那么创建评分模板或程序可以让这项工作更能符合你的利益。欢迎你讲述如何使用该系统或对其进行改进的故事。尽管积极诊断仍处于早期阶段，但对你的客户来说，它可能仍是鼓舞人心、新颖而有用的。

POSITIVE
PSYCHOLOGY
COACHING

第六章　挖掘内心的资源：积极评估

我在读研究生时，曾参加了一项心理测试——明尼苏达多相人格问卷 -2（Minnesota Multiphasic Personality Inventory-Ⅱ，MMPI-2）。MMPI 是 20 世纪 50 年代首次发布的一种心理障碍测试，也是一种评估方法。它包含 567 个是非题，如"我的父亲是个好人""我的手和脚通常都很暖和""我确定自己在生活中受到了不公平待遇"，以及我最喜欢的"我经常觉得自己头上有一条紧箍带"。MMPI 是用"经验效标"（empirical keying）这一聪明的方法开发的，这就意味着该测试的开发者对患有既定临床障碍的人如何回答问题很感兴趣。像"我喜欢机械学杂志"这样的话可能听起来很天真，但是这可以测量出传统的男性气概。同样，那些询问身体感觉的问题更有可能得到疑病症患者的支持。这种方法的优点在于，这些问题不一定有很高的"表面效度"（face valid）。MMPI 包含 10 个主要心理障碍量表，如偏执狂和焦虑量表，以及各种子量表，甚至包括测量作答者是否撒谎或试图伪造答案的量表。

每周，我和同学们会有 3 小时的时间聚集在教室，听心理测量学方面的讲座。我们会练习解读测试报告，并且要记住数百个概要。这就像测试本身一样，会令人生畏。有一次，我举手问道："这是不是有点多？测试有数百项，完成时间很长，报告也太过详细。这是不是太难为人了？"我的老师微笑着摇了摇头。"还有什么时候，"他问我，"你能有机会在 1 小时内问客户 500 多个问题？"

我马上意识到老师是对的。虽然评估有时看起来很虚假，耗时又难以回答，但这是获取信息的有效方法。如果典型的 1 小时教练电话包含 30 个有力的问题，那么你需要 20 小时才能提出与 MMPI 相同数量的问题。从研究生阶段开始，我一次又一次见证了这个真理。例如，测量个人优势方面，VIA 包含 240 个问题，Realise 2 包含 180 个项目。人们经常稍有抱怨，说这看起来很长，而且参加这么长时间的测试会有点无聊。但可以考虑一下这些测试带来的大量信息。例如，Realise 2 评估了 60 种不同的品质，并将其分为 4 类：习得行为、弱点、未实现优势和已实现优势。你不能仅仅通过少数几个问题就得到这些信息。此外，这项测试只需要花费约半小时时间就可以完成，并可以提供非常有用的信息。评估的美妙之处在于：如果你的客户能够经受半小时测试的考验，那么你们二人都可以获得强大的洞察力，而这是在常规教练对话中无法获得的。

评估之所以有效，是因为

- 是"官方的"，因此能鼓励人们回答其可能本不愿意回答的问题；

- 是全面的，因此比起面试官，评估能涵盖更深入的主题；

- 提供共同语言，因此能为每个人提供相同的词汇以讨论主题；

- 是经验性的，因此能让我们轻松量化、比较数据。

想象一下，你在医生办公室的候诊室里，就坐在某人旁边。想象一下你想得到更多关于他们的信息。考虑3种简单的方法：观察、对话和评估。在观察时，你会仔细看他们，会注意其衣着、打扮、年龄、举止和面部表情。你可能会对他们的社会经济地位和情绪状态作出合理猜测。现在，想象你开始和他们聊天。你可以问他们住在哪里，以什么为生，有几个孩子，以及他们的兴趣爱好。当然，这种方法将提供更详细的信息。即使是简短的交谈，你也会对此人的生活、兴趣、教育和工作有很多了解。但是如果使用正式评估呢？如果你交给他们一份关于健康史、购物习惯或生活习惯的调查问卷会怎么样？你更有可能在问卷中获取此类个人信息，也更有可能获得对一个人更全面的了解。

测量不可测量的

作为一名幸福研究者，我经常受到外界的批评。无论是飞机上的邻座，还是我在大学中开设的积极心理学课程的学生，许多人都很难接受幸福是可以测量的。例如，就在上周，一位陌生人给我发了封电子邮件，说我"永远不会找到幸福的答案"。这种批评并不局限于幸福领域，这在心理学的许多领域都很常见。许多人只是简单地相信感知、情感和态度这些抽象概念是不可测量的。从某种程度上说，这种批评是站得住脚的，我认为这种批评值得思考，让我们退一步，然后考虑我们该如何、何时以及是否该在教练中使用有心理学结构的正式评估。

> **评估：自我评估**
>
> 　　花点时间考虑一下你对正式评估的局限和潜力的看法。你认为评估能准确地测量抽象概念吗？例如，我们可以用调查问卷来测量心理健康水平、智力水平和抑郁水平吗？有什么是我们无法测量的吗？你对分配数字、使用标签和正式问卷的满意程度如何？你的信念如何影响了你在教练实践中的评估方式？

　　事实上，我们周围的世界充满了测量各种抽象概念的例子。以攀岩能力为例，仔细想想，攀登悬崖面的能力应该很难量化。想想看：没有两个相同的悬崖。每个悬崖都是由不同种类的岩石构成的，且具有不同的特征。每天的天气不同，每个人的恐惧程度、技能和装备也都不尽相同。然而，像约塞米蒂评级系统（Yosemite Rating System）这样的正式测量已经被世界各地的登山者所普遍接受和使用。该系统以每次攀登中最困难的动作或关键点来进行评估。登山者只需告诉另一个登山者"这是一条 5.11 级的路线"，第二个人就会自动知道这座山攀登起来有多困难，以及是否能完成任务。这是一种分类速记法，允许登山者估计哪些路线最适合自己的技能水平。测量各种个人素质的类似例子很易找到，包括智力追求（如下棋能力）、身体追求（如网球水平）、偏好（如消费行为），甚至人际追求（如善良和宽容）。这些测量也不仅仅局限于行为评估，也包括对更抽象概念的常用评估，如抑郁水平、员工敬业度、领导力和研究出版物的科学影响力。幸运的是，对于教练来说，积极心理学家也开发了一系列适合高功能客户使用的评估，如生活意义感的测量。

心理学家已经围绕定义和测量抽象的个人概念建立了一门完整的科学。尽管在每个领域都存在一些争议，但我们在智力、行为、情感和态度的测量方面仍取得了巨大进步。同样，许多教练对心理变量，如动机、满意度、敬业度和成功很感兴趣。我在本章介绍了积极心理学的 10 项评估。选择每一项测量是因其满足以下所有或几乎所有标准：

- 该测试已通过经验验证。

- 该测试已被广泛使用。

- 测试的重点与积极的人类功能主题相关。

- 该测试适用于教练。

- 该测试免费，且易于使用、解读。

科学家们所说的"经验验证"是什么意思？

我经常收到对"经验验证"（empirically validated）积极心理学干预感兴趣的人的来信和电子邮件。他们很好奇，写一本感恩日记是否真的能让自己更快乐，或者是否可能篡改干预措施，但仍然称其"有效"（valid）。理解这些问题答案的困难之处在于，在日常表达中，我们使用"有效"这个词的方式与科学意义上的解释截然不同。当你我在公共汽车站碰面时，如果你问我写出"可能的最好自我"是否是通往幸福的有效途径，你的意思是"这个问题有用吗？"按外行的说法，有效通常等同于"起作用的"。科学家对有效性（validity，也称效度）的看法要复杂得多。事实上，科学家们甚至不承认有效性是单独的实体。在实验室里，我们讨论了"表面效度""结构效度"和"效标效度"等几种类型。结构效度是指评估基本上是要测量本该测量的内容。例如，智力测试真的是在测量智力吗？还是在测量对考试程序的熟悉程度？（答案是两者兼而有之。）效标效度意味着测试或个人属性可以预测未来的表现。例如，招聘人员可能会对个体的教育程度如何预测未来工作表现很感兴趣。在这种情况下，教育状况可能是生产力的有效预测因素。

那么，这些花哨的术语与"经验验证"积极心理学干预有什么关系呢？事关一切。最近，有关干预的事实已经取得了很大进展。真正要说的是，我们现在已有数据（证据）表明这些干预措施的有效性。简单地说，有早期报告表明，写感恩日记等活动确实有效。然而，一个有趣的问题在于，"这些干预措施究竟起什么作用？"当提到感恩、利他主义和其他积极的干预措施"起作用"时，我们的意思是这能让大多数人更快乐。也就是说，这些干预措施对于特定目的是有效的。这些可能无法让人成为更好的艺术家或更具自我反省能力，但能改善情绪。

重要经验1：有效性通常意味着对特定目的有效

话虽如此，但我想告诉你们一个小秘密：有效性不是无可争议的证据。以常用的感恩练习为例，研究表明，每天写下3件你感恩的事情是有益的。然而，大学里有100名学生的班级中，只有大约20%的人继续这项活动，尽管大约 85% 的人说这让他们感到更快乐！这是为什么？首先，重要的是要注意，这种干预尽管有很有力的证据，但并不完美。感恩练习不会对 100% 的人起作用。其次，感恩练习很容易，这需要人们养成新的习惯，但许多人在它成为日常生活的一部分之前就已经放弃了这个习惯。所以即使是经验验证过的干预措施也不会对所有人都有效。

重要经验 2：经验支持并不意味着无可辩驳的证据

之后，我们看一下修改干预措施这个棘手的问题。与我交谈过的人希望对标准指导语稍加修改，但可以理解的是，他们担心这样做会破坏经验支持。让我们再来看一下感恩练习。如果我们偏离了标准协议，要求人们写下 7 件而非 3 件自己感恩的事情，那么会发生什么？如果我们要求隔天而非每天写日记，又会发生什么？这些修改会让干预"无效"吗？这些问题的基本答案在于，要知道是什么让感恩练习起作用。数据表明，只写几件事，而非一长串，会更有助于提高幸福感。因此，如果你想随便尝试 4 项而非 3 项，或者换成隔天做一次的话，那么从过去研究的数据来看，这也可能会奏效，尤其是在有很好的理由这样做的情况下（如，它更适合你的特定日程或价值体系）。但如果你以更激进的方式改变干预，比如说，一年只写一次，一次写感恩的 100 件事，那么就有理由认为，这与最初的干预相差太远，所以可能也就不再有效。

重要经验 3：对经验支持的干预措施进行小改动是完全合适的；大改动则可能不妥

最后，明智之举是寻求经验支持，相信科学认可。认识到支持不同于证明，这一点也是很巧妙的。有时，我们需要对久经考验的干预措施进行小改动，以让其更适合、更有效。

积极标签的黑暗面：警告性说明

测量人们如何运作、兴趣点是什么或感受如何的一个必要部分是利用标签。我们必须使用特定词汇来描述人的状况。我们必须使用诸如抑郁、成功、消极和聪明等术语。当然，有些人不愿意使用这样的标签，因为他们觉得这些词暗示了一些人比其他人优越或低劣，而这是不公平的。另一个常见的抱怨是，标签将人们放在概念"盒子"中，这限制了创造力或自我的多元意识。事实上，我们应该听取这些警告并明智地使用标签。积极心理学研究表明，即使是"天才"这样的积极标签也可能适得其反。斯坦福大学的研究员卡罗尔·德韦克在多项研究中发现，贴上"聪明"标签的孩子，甚至那些准确贴上"天才"标签的孩子，也可能会表现不佳。当然，这不是因为孩子们不聪明，而是因为他们有时会不努力。想想看：任务的成功只会强化他们对自己已有的看法，也就是聪明，而失败则会给这种认同带来明显威胁。教练应小心处理标签。要确保强化这样一种观念，即天生的优势也可以成为进一步发展的领域，这可以帮助你认识客户的最佳之处并鼓励其成长。

本章中的评估

● 领域满意度量表（Domain Satisfaction Scales）：测量对生活各个领域的满意度。

● 积极与消极情绪体验量表（Scale of Positive and Negative Experience，SPANE）：测量积极情绪和消极情绪。

● 主观幸福感量表（Subjective Happiness Scale，SHS）：测量总体幸福感。

● 生命意义感量表（Meaning in Life Questionnaire，MLQ）：测量生命意义感。

● 工作生活问卷（Work-Life Questionnaire）：确定一个人是否融入工作、事业或职业中。

● 工作目的量表（Purposeful Work Scale）：测量工作的意义感。

● 好奇心与探索清单（Curiosity and Exploration Inventory）：测量寻求新奇的程度。

● 品味信念量表（Savoring Beliefs Inventory，SBI）：测量预期、回忆与品味。

● 工作风格量表（Work-Style Scale）：测量工作激励方法。

● 真实性量表（Authenticity Scale）：测量真实生活和对外界影响的敏感度。

● 优势利用量表（Strengths Use Scale）：测量总体优势利用情况。

在上一章中，我介绍了两种评估客户幸福感的方法。在这里，我想提供3项额外调查：第一项是对积极情绪、消极情绪的调查，第二项是对生活满意度的调查，第三项是对总体幸福感的调查。每项调查都经过验证，可用于全方面评估客户的幸福感。考虑客户当前情绪状态、情绪倾向、最满意的领域以及对生活的总体看法，这可以作为教练对话的有效起点。

避免标签陷阱的一种方法是将个人属性视为"维度"而非"类别"。因此，这并不是说某人是聪明的或愚蠢的，是内向的或外向的，也不是说他有无动机。相反，这存在于连续体中的某个地方，这可能让其与另一些人不同，或与其他人相似，或处于与过去相关的某种不同状态。作为一个必要的问题，我们使用分数线来确定一个人是内向的还是外向的，但这是我们对维度变量施加的限制。事实上，我们可以改变这些分数线，从而改变纳入和排除在该组之外的人。虽然使用诸如"聪明""宽容"和"勇敢"这样的标签是一种方便的沟通方式，但这也有可能会带来风险，会让没有在分数线以上的人边缘化。在与客户合作时，我会利用评估来获得客户"处于哪种状态"的总体感觉，然后用维度术语讨论其特质或品质，探索他们在量表上的得分如何以及何时会上下变动。

评估 1：领域满意度量表

与前一章中描述的生活满意度量表（SWLS）一样，你也可以测量客户对其生活特定领域的满意度。例如，你可以询问他们对主管、通勤、工资、工作量以及与同事之间关系的满意度。对这些领域进行评估有助于制定教练议程，确定优势领域和发展领域。利用所谓的"领域满意度测量"，正是迈克尔·弗里希（Michael Frisch）博士的生活质量疗法（Quality of Life Therapy，QOLT）的核心所在。

这种经验验证的治疗方法首先会评估客户对生活各方面或领域的满意度。弗里希博士建议利用领域满意度分数来引出对不满来源、当前机会、感知进步和良好选择等话题的讨论。你可以修改以下评估，以将特定于工作、关系、父母或与教练实践相关的其他生活领域包含在内。请注意，本评估没有版权持有人。

领域满意度量表

请使用以下数字来评估您对所列生活领域的满意度：

7	6	5	4
完全满意	满意	稍微满意	中等，既没有满意也没有不满意

3	2	1
稍微不满意	不满意	完全不满意

1.＿＿ 收入

2.＿＿ 友谊

3.＿＿ 健康

4.＿＿ 通勤

5.＿＿ 住房

6.＿＿ 婚姻／伴侣关系

7.＿＿ 同事

8.＿＿ 娱乐

9.＿＿ 工作

10.＿＿ 家庭

我利用领域满意度测量的方式不尽相同。一种简单的方法是向客户提供一些空白区域，并让其纳入自己最关心的领域。这样，你就可以确保所测量的领域与客户相关且重要。获取客户满意度的"心理快照"可以帮你确定潜在工作的领域、成功的持续来源以及品味模式。利用这种测量的另一种简单方法是讨论客户认为自己应该在每个领域体验的理想满意度。如果是 1～10分的评分，且 10 分代表完全满意，那么大多数客户会自动假设 10 分代表成功的目标。通常，如果一个人的闲暇时间得分为 7 分，那么就可以假设他们离"完美"的 10 分还差 3 分。事实上，我们很少有人想对生活的每个方面都完全满意。对改进的一点渴望可能会非常有帮助，在以成就为导向的领域尤其如此。这一概念也得到了研究的支持。埃德·迪纳与同事对生活满意度得分为 8 分（满分为 10 分）的人和得分为 9 分或 10 分的人进行了研究。结果表明，得分为 8 分的人成就更高。他们赚了更多的钱（对于员工来说）并且得到了更好的成绩（对于学生来说）。那些完全满意的人在工作上会不那么认真。然而，应注意的是，这些发现仅与学业成绩等领域有关，不适用于社交领域。在友谊满意度上，得分为 10 分可能会好于 8 分。这一"最佳幸福水平"的发现可以直接转化为与客户的重要对话。我有时会与客户分享这些发现，并询问其"打 8 分"所带来的舒适度，而非假设他们应该"为 10 分努力"。几乎每种情况下，他们都会说肩上的巨大压力减轻了许多，而这种"轻松"往往会转化为迎接新挑战的动力和热情。

图 6-1 展示了另一种更具视觉吸引力的领域满意度测量方法。

平衡生活的支柱

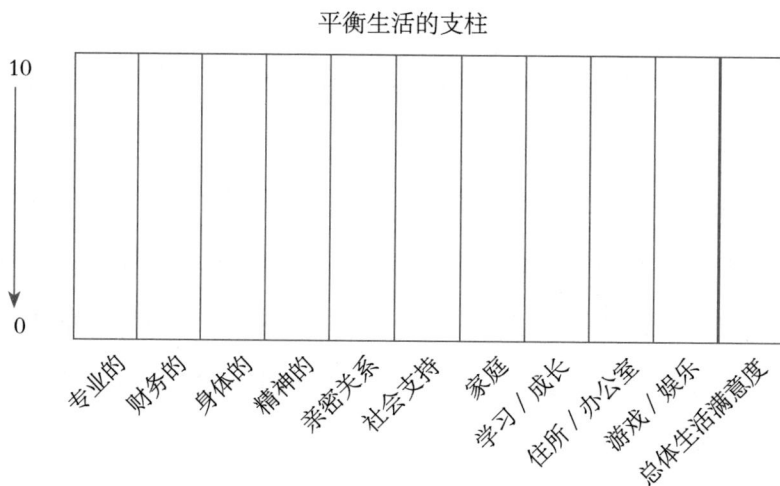

图 6-1　平衡生活的支柱

资料来源：Copyright ©2010 Ben Degan

评估 2：积极与消极情绪体验量表

评估客户"感觉怎么样"的一个非常基本的方法是测量其情绪状态。这可以作为当前情绪的测量标准，客户可以一次性完成，也可以随着时间的推移逐步完成，以确定其情绪倾向。我和同事开发了一个简单的积极与消极情绪体验量表。虽然我们拥有本评估的版权，但只要你不收取费用，就也可以复制并与客户一起使用这个评估。该量表展示出良好的心理测量特性，其中包括信度（reliability）得分和时间稳定性得分。

积极与消极情绪体验量表（SPANE）[1]

请思考一下您在过去 4 周内的工作和经历，然后用下列分数表示感受到以下每种感觉的程度。请在每个项目中从 1~5 选择一个数字，并在回答线上注明该数字。这个量表也显示出与其他广泛使用的情绪测量方法的良好融合。

1	2	3	4	5
极少或从未	很少	有时	经常	总是

＿＿＿ 积极

＿＿＿ 消极

＿＿＿ 良好

＿＿＿ 糟糕

＿＿＿ 愉悦

＿＿＿ 不愉悦

＿＿＿ 快乐

---

[1] Copyright ©2009 Ed Diener & Robert Biswas-Diener

_____ 悲伤

_____ 恐惧

_____ 开心

_____ 愤怒

_____ 满足

得分：

该量表可用于得出总体情感平衡得分，但也可分为积极和消极情绪体验量表。

积极情绪（SPANE-P）： 将6个项目得分相加，每个项目得分为1~5分不等：积极、良好、愉悦、快乐、开心和满足。分数介于6（最低积极情绪）~30（最高积极情绪）分。

消极情绪（SPANE-N）： 将6个项目得分相加，每个项目得分为1~5分不等：消极、糟糕、不愉悦、悲伤、恐惧和愤怒。分数介于6（最低消极情绪）~30（最高消极情绪）分。

情感平衡（SPANE-B）： 从积极情绪得分中减去消极情绪得分，所得差异得分介于-24（可能最不快乐）~24（可能的最高情感平衡）分。得分为非常高的24分的受访者称，他或她很少或从未经历过任何消极情绪，并且经常或总是有积极的感受。

评估 3：主观幸福感量表

第三个评估可以替代上一章中提到的生活满意度量表。研究人员索尼娅·柳博米尔斯基开发了这项简单易用的总体幸福感调查问卷，以评估广泛定义的个人幸福感。这项测量的美妙之处在于，它利用了"幸福感"一词可以被广泛解读的事实。柳博米尔斯基并未强迫人们把这一概念看作"内心的平静感"或"快乐的体验"，而是明智地将解释权留给了个人。这个测量短小、简单，可以测量客户的整体幸福感，并跟踪数月工作的总体进展。

主观幸福感量表（SHS）[1]

对于以下每条陈述或问题，请圈出您认为最适合自己的分数。

1. 总的来说，我认为自己是一个：

    | 1 | 2 | 3 | 4 | 5 | 6 | 7 |

    不太快乐的人 -- 非常快乐的人

2. 与大多数同龄人相比，我认为自己：

    | 1 | 2 | 3 | 4 | 5 | 6 | 7 |

    更不快乐--更快乐

3. 有些人通常会很快乐。无论发生什么，他们都会享受生活，充分利用一切。这在多大程度上是对你的描述？

---

[1] Copyright © Sonja Lyubomirsky

179

1   2   3   4   5   6   7

一点也不-------------------------------------很大程度

4. 有些人通常不太高兴。虽然他们并不沮丧，但似乎从未像可能的那样快乐。这在多大程度上是对你的描述？

1   2   3   4   5   6   7

一点也不-------------------------------------很大程度

注：第4项为反向评分。

评估4：生命意义感量表

生命的意义是哲学家长期关注的领域之一，但它后来才受到心理学家的科学审视。我特别喜欢生命的意义，因为这是所有人的基本需求，并且与教练工作密切相关。生命意义感量表（MLQ）由研究人员迈克尔·斯泰格（Michael Steger）及其同事共同开发。这些科学家对改进以往测量生命意义感的方法很感兴趣，这些方法常常会与生活中的痛苦有交集。在3项研究中，他们将量表从44个备选项目删减到10个项目，这些项目不仅具有理论重要性而且具有统计学差异，随后他们发现MLQ表现出良好的心理测量学特性，如区分效度和稳定的因子结构。我最喜欢这一特殊测量的一点是，它可以用于开发两个不同的子量表，一个关注生命意义感的存在，另一个则关注生命意义感的寻求。将这一广泛的主题进一步细分为"存在"和"寻求"这两个较小的领域，我们就有可能与客户展开富有成效的对话，讨论其在创造生命意义感的自然过程中取得的成就，以及讨论成就大小。斯泰格和同事将这一观点总结如下：

MLQ 有能力独立测量寻求和存在，这就带来了更广泛的理论和实证灵活性。我们现在有可能识别出这样一些人，他们感受到巨大意义感但仍在寻求进一步理解生命意义，并将自己与那些认为生命有意义却没有进一步探寻的人进行比较。例如，迪特里希·邦霍费尔（Dietrich Bonhoeffer）、马尔科姆·艾克斯（Malcolm X）或圣雄甘地（Mahatma Gandhi）可能都是典范，伟大的目标和意义并未阻止其积极、开放地追求对意义和目标的更深理解。

生命意义感量表（MLQ）

请花些时间思考一下，是什么让你的生命和存在对自己来说十分重要。请尽可能如实、准确地对以下陈述进行评分，请记住，这些都是主观问题，并无正确或错误之分。请根据以下分数评分：

1	2	3	4	5	6	7
完全不符合	比较不符合	有点不符合	不确定	有点符合	比较符合	完全符合

1.＿＿ 我理解自己生命的意义。

2.＿＿ 我在寻找让生命充满意义的东西。

3.＿＿ 我一直在寻找自己人生的目标。

4.＿＿ 我的生活有明确的目标。

5.＿＿ 我很清楚是什么让生命很有意义。

6.＿＿ 我发现了令人满意的人生目标。

7.＿＿ 我一直在寻找让生命变得有意义的东西。

8.＿＿ 我正在为生命寻找目标或使命。

9.＿＿ 我的生命没有明确的目标。

10.＿＿ 我在寻找生命的意义。

注：你可以根据此测量开发两个子量表；一个是意义感的"存在"，另一个是意义感的"寻求"。

存在：第1、4、5、6和9项（第9项为反向评分）

寻求：第2、3、7、8和10项

斯泰格的职业生涯早期主要致力于研究如何让生命对个人更有意义，而之后他将研究兴趣转向了领导者、管理者和组织机构通过帮助创造有意义的工作，从而对员工幸福感带来的影响。他与美国、加拿大、英国和以色列的同事一起进行了研究，跟踪了从有意义的工作到个人幸福感的过程，并将其进一步发展到有利于社会的愿望，以在世界上作出积极改变。他与各种各样的人一起工作，包括大学生、医疗与公共安全组织的志愿者、日托提供者、大学员工以及在医院和金融服务公司工作的人，他们都讲述了同样的故事：有人觉得自己找到了真正的使命或事业，也就是说，有人找到了很有意义的工作，他们会更快乐，更多地投入自己的工作中，会感觉生命总的来说更有意义。斯泰格的研究结果还表明，组织机构应该考虑雇佣或培养"高意义感"的员工，因其对组织更投入，工作更积极，对工作也更满意。虽然他承认，有意义的工作通常是"美好生活"不可或缺的一部分，但他同时也指出，目的性工作可能会吸引"底层管理人员"。斯泰格博士说，意义感高的员工似乎"性价比高"。他们不太可能辞职或请病假。此外，他们的敌意和抑郁情绪会更少，这可能会减轻与不利的工作环境和抑郁对抗所产生的生产力成本。为尽可能广泛地传播有意义的工作的可能性，斯泰格开发了个人和组织主动性的理论模型（model of the individual and organizational initiatives），该模型将天平向有意义的工作倾斜。他与科罗拉多州立大学（Colorado State University）的同事布莱恩·迪克（Bryan Dik）共同创立了一个咨询机构，与领导者和组织合作，以提升工作中的意义感。斯泰格还注意到帮助青少年思考有意义的工作所带来的巨大前景，并在一所中学进行了一系列干预措施。他认为，如果有意义的工作是好工作，有意义感的员工是好员工，那么人们就应该学会如何找到一份不仅仅是一种挣钱方式的工作。有意义的工作可以成为让我们的生命充满价值。

评估 5：工作生活问卷

耶鲁大学（Yale University）研究员艾米·沃泽斯涅夫斯基（Amy Wrzesniewski）进行了一系列研究，我对这些研究十分感兴趣。继社会学家罗伯特·贝拉（Robert Bellah）的工作之后，艾米对人们如何与自己的工作联系起来感到好奇。根据贝拉的说法，人们通常会处于3种概念类别的其中一种：他们觉得自己处于工作、事业或使命中。工作取向的人主要受金钱激励。他们不一定喜欢自己所做的工作，常想着下班，期待着轮班结束。相比之下，事业取向的人主要是被进步推动的。这些人努力工作，把自己的工作视为不断改善环境的垫脚石。他们感兴趣的是加薪、提升监督责任、更高的地位或更多与工作相关的福利。他们常常全身心地投入工作，但仍然期待假期。最后一组人，即那些具有使命取向的人，相信自己的工作对世界作出了有意义和实质性的贡献。他们热爱自己的工作，并将其视为一种使命，通过这一使命，他们可以实现自己的价值。他们不是工作狂，但即使是在度假，他们仍然会思考工作，因为这是其身份和价值的重要组成部分。艾米及其同事发现，无论实际职业如何，人们都可能会陷入这3种取向中的任何一种。例如，公交车司机可能会有使命感，外科医生也可能会觉得自己只是在工作。

工作生活问卷

第一部分：

请阅读以下3段文字。读完后，请根据每部分描述与您的相似程度，圈出其中一个选项。

1. A类人群的工作主要是挣足够的钱来维持工作以外的生活。如果在财务上有了保障，他们将不再从事目前的工作，而是做真正愿意做的其他事情。对这些人来说，他们的工作基本上是生活必需品，就像呼吸或睡眠。他们常常希望工作时间可以更快过去。他们非常期待周末和假期。如果这些人能重新开始自己的生活，他们可能不会从事同样的工作。他们不会鼓励朋友和孩子进入自己的工作领域。A 类人群非常渴望退休。

2. B 类人群基本上喜欢自己的工作，但不希望在 5 年后仍从事目前的工作。相反，他们计划转向更好、更高层次的工作。他们对自己的未来有诸多目标，这些目标与其最终想要得到的职位有关。有时，他们的工作似乎是在浪费时间，但他们知道，自己必须在目前的岗位上做得足够好，才能继续前进。B 类人群迫不及待地想要晋升。对他们来说，晋升意味着对自己出色工作的认可，也是在与同事竞争中取得成功的标志。

3. 对于 C 类人群来说，工作是生活中最重要的部分之一。他们很高兴能胜任自己的工作。因为他们的谋生方式是其自我的重要组成部分，所以这也是他们与人谈论自己时说起的第一件事。他们倾向于把工作带回家，在度假时也一样。他们的大多数朋友来自工作，以及与其工作有关的组织和俱乐部。他们对自己的工作感觉良好，因为他们热爱工作，并且认为这会让世界变得更美好。他们会鼓励朋友和孩子进入自己的工作领域。如果 C 类人群被迫停止工作的话，他们会感到非常不安，而且他们并不特别期待退休。

A 类人群：

（a）非常像我　（b）有些像我　（c）有点像我　（d）一点也不像我

B 类人群：

（a）非常像我 （b）有些像我 （c）有点像我 （d）一点也不像我

C 类人群：

（a）非常像我 （b）有些像我 （c）有点像我 （d）一点也不像我

第二部分：

以下陈述在多大程度上描述了您通常情况下对待工作的感受？

4	3	2	1
非常像我	有些像我	有点像我	一点也不像我

1.＿＿ 我喜欢和别人谈论自己的工作。

2.＿＿ 工作是我生命中最重要的事情之一。

3.＿＿ 我工作的主要原因是可以在经济上支撑自己的家庭和生活。

4.＿＿ 我渴望退休。

5.＿＿ 如果在经济上有保障，即使没有工资，我也会继续目前的
工作。

6.＿＿ 我的工作可以让世界更美好。

7.＿＿ 如果有机会，我会再次选择目前的工作生活。

8.＿＿ 我希望在 5 年内能够从事更高层次的工作。

9.＿＿ 我将当前工作视为其他工作的跳板。

10.＿＿ 我希望在 5 年内可以做同样的工作。

工作取向和使命取向均由项目1、2、3、4、5、6、7表示。这些通常会加载到数据分析中的单因素上。事业取向由项目8、9和10表示，并在单因素上一致加载。您可以选择将事业项目与其他项目混合，而非将其全部置于最后。

注：要给该量表打分，只需查看3类人群的最高分数。人群A描述了工作取向，人群B描述了事业取向，而人群C描述了使命取向。如果对一个文段强烈认同、对另两个文段较不认同，那么就表明更倾向于该取向。

这3种取向对你与客户的合作有诸多重要影响。在讨论动机、目标和其他有关工作的问题时，共同的词汇可能有助于讨论客户如何看待其工作。此外，这也有助于了解哪一种取向是对客户的最佳描述。这一点尤其正确，因为处于使命取向的人往往会从事一系列艾米称为"工作重塑"（job crafting）的行为，这可以让工作更有意义。以使命为取向的个人比其工作伙伴或职业伙伴更有可能在实际职位描述的边缘工作，从而改变规则，参与到有助于提供更多意义的活动中。以理发师为例，根据职位描述，理发师应该负责的是剪发。然而，几乎毫无疑问，你肯定已经与理发师进行了长期深入的讨论。许多理发师典型的社交互动、建议、咨询以及自我表露都是其重塑工作的一种方式，这在基本职责之外增加了额外的奖励活动。对于你的客户而言，工作重塑想法是个很好的起点，可以为工作注入新的激情和意义。你可以在不影响客户工作基本义务的情况下，寻找机会对工作负载进行细微调整。艾米及其同事指出了人们重塑工作的3种特殊方式。你可以将其作为探索的起点，并为客户创建可作为家庭作业的实验：

1. 改变工作中社交互动的数量或质量　这只是意味着你在工作中参与的互动会对快乐和意义产生影响。如果你或客户能够找到方法，让与客户、主管或同事之间的互动更有价值，那么工作会感觉更好。也要考虑通勤、午休、电子邮件和其他与潜在互动相关的常见因素。

2. 改变工作的活动类型　这只是意味着，除了客户的日常职责，他或她还可以从事一些小而有意义的任务。我认识一个大城市的停车场管理员，他创建了一个停车和"归档"车钥匙的组织结构图。这项任务并非主管分配给他的，但该系统对同事带来的帮助却是不可估量的。

3. 改变工作的认知边界　这只是意味着，人们在以更宏大、更抽象的角度看待具体的日常任务时，往往会发现更多的意义。例如，医院的看门人可能认为其工作是清空废纸篓（具体任务），或是通过保持医院清洁来促进健康（抽象任务）。当地机场的一位接送司机告诉我，他觉得自己的工作是让家人团聚，因为他把人们送到机场，然后他们会乘飞机去看望自己的亲人。

评估 6：工作目的量表

工作目的量表与工作生活问卷相关，因为它专门用于探索客户的工作目的。与沃泽斯涅夫斯基的测量不同，工作目的量表并未将人们划分在多种可能的工作类别之中。相反，它给客户提供了维度范围的广泛概述，让其能在工作中存有目的性的参与感，其中低分数表示目标感较低，高分数则表示目标感较高。这些项目是基于工作研究而开发的，而这些工作已在涉及高幸福感、心流体验和意义感的其他研究上得以体现。你可以利用客户对特定项目的回答，来展开关于特定工作的对话，而这可能会被稍加修改以产生更多意义以及更有价值的体验。

工作目的量表 [①]

以下 8 个项目的陈述，您可能同意也可能不同意。请以 1～7 分为测量标准，在每个项目之前标注适当数字，以表明您对该陈述的同意度。

7	6	5	4
强烈同意	同意	略微同意	两者兼而有之或既不同意也不反对

3	2	1
略微反对	反对	强烈反对

1.___ 今天我在工作中学到了一些新东西。

2.___ 我在工作中经常感到"心潮澎湃"。

3.___ 我的工作很有意义。

4.___ 我在工作中与他人相处融洽。

5.___ 我的主管支持我。

6.___ 我期待工作。

---

① Copyright ©2009 Robert Biswas-Diener & Alex Linley

7.＿＿我希望在 5 年内雇主不会变。

8.＿＿我的工作量处于最佳水平。

评估 7：好奇心与探索清单

好奇心对大多数人来说好坏参半。一方面，好奇心显然推动了探索和科学探究，这在很大程度上有益于所有人。另一方面，人们并不希望邻居多管闲事，然后告诫我们"好奇心害死猫"。一些孩子因不断提问而受到责骂，而另一些孩子则得到鼓励去尽情探索周围的世界。事实证明，越来越多的科学文献探讨好奇心，而新发现既有前景又有乐趣。研究人员保罗·席尔瓦（Paul Silva）和托德·卡什丹认为，好奇心是内在动机的重要心理机制。我们自然会为兴趣所吸引，这让我们的追求具有其内在价值。但是好奇心意味着寻找不确定的答案、面对未知的生活，这两种情况都会引起焦虑。因此，好奇的人必须能够承受一点压力。好奇心与健康和社会福祉息息相关。

好奇心与探索清单由研究员托德·卡什丹及其同事开发。这些科学家检验了 36 个项目，这些项目后来减少到 10 个，并形成了 2 个独立的因素：5 个项目归到"伸展"（stretching）因素上，代表人们寻求新奇体验的自然倾向，另 5 个项目则归到"接受"（embracing）因素上，代表人们面对新奇和不确定事件的能力。正如你可能想象的那样，"经验开放性"的人格维度与"伸展"和"接受"相关，"正念"则更与"接受"密切相关。这可能是因为更谨慎的个体有思维策略或其他习惯，这让其能够承受不确定经历所带来的不愉快。你可以利用此量表来确定客户的总体好奇心水平，并就以下主题展开讨论，例如面对不确定情况、冒险、知识渴望、了结需要、经验开放性、个人舒适区等。

特质好奇心与探索清单 -2[①]

对以下陈述的准确度进行评分，以确定其反映您总体感觉和行为的程度。不要评价您认为自己应该做的、希望做的或者不会再做的事。请尽可能诚实作答。

1	2	3	4	5
只有一点点像我	有点像我	中等程度像我	相当像我	非常像我

1.___ 在新的情况下，我积极寻求尽可能多的信息。

2.___ 我能真正享受日常生活中的不确定性。

3.___ 我在做复杂或具有挑战性的事情时，会处于最佳状态。

4.___ 无论我走到哪里，都会寻找新的事物或体验。

5.___ 我将富有挑战性的情况视为成长和学习的机会。

6.___ 我喜欢做有点可怕的事情。

7.___ 我总是在寻找挑战自己思考方式和世界观的体验。

8.___ 我更喜欢令人兴奋且不可预测的工作。

9.___ 我经常寻找能挑战自我并获得成长的机会。

---

① Copyright ©2009 Kashdan et al.

10.___ 我可以接纳陌生的人、陌生的事和陌生的地方。

注：

第1、3、5、7和9项反映了伸展因素。

第2、4、6、8和10项反映了接受因素。

评估 8：品味信念量表

我喜欢的另一个研究领域，与品味（savoring）这一概念有关。品味是在精神上延伸积极事件的行为。例如，在与朋友分享美好回忆时，我们会尽情享受和品味，有效地将过去愉快的经历转化为当下更为积极的事情。同样地，在慢慢咀嚼美味的食物时，我们会在用餐时获得美妙的体验，这让我们比平时更久地、更充分地品味味道。芝加哥大学研究员弗雷德·布莱恩特及其同事多年来一直在对品味行为进行科学研究。例如，他们发现，通过想象过去的成功或专注于体育奖杯等纪念品，以此来积极地回忆过去，可以让人们更加快乐（不要忘记与快乐相关的所有好处）。以下是如何使用品味信念量表的介绍。

品味信念量表（SBI）

对于列出的每项陈述，请圈出最能真实描述您的数字。答案没有正确或错误之分。请尽可能诚实作答。

| | 强烈 | 强烈 |
| | 反对 | 同意 |

1. 在好事到来之前，我会期待它以一种快乐的方式发生。

1 2 3 4 5 6 7

2. 我很难长时间保持良好的感觉。 1 2 3 4 5 6 7

3. 我喜欢回顾过去的快乐时光。 1 2 3 4 5 6 7

4. 我不喜欢在美好的时光到来之前就过多地期待。 1 2 3 4 5 6 7

5. 我知道如何充分利用美好时光。 1 2 3 4 5 6 7

6. 我不喜欢在美好的时光发生后过多地回顾过去。 1 2 3 4 5 6 7

7. 一想到即将到来的好事，我会感到期待的喜悦。 1 2 3 4 5 6 7

8. 说到享受自己，我是自己的"头号敌人"。 1 2 3 4 5 6 7

9. 我可以通过回忆过去愉快的事来让自己感觉良好。 1 2 3 4 5 6 7

10. 对我来说，预测即将到来的好事基本上是浪费时间。

1 2 3 4 5 6 7

11. 当好事发生时，我可以通过思考或做一些事情来延长自己对它的

享受。 1 2 3 4 5 6 7

12. 当愉快的回忆浮现时，我常常感到悲伤或失望。 1 2 3 4 5 6 7

13. 我会在愉快的事发生之前就在脑海中好好享受它。 1 2 3 4 5 6 7

14. 我似乎无法捕捉到快乐时刻的喜悦。 1 2 3 4 5 6 7

15. 我喜欢保留曾经历过的快乐时光，以便以后回忆。 1 2 3 4 5 6 7

16. 对我来说，在有趣的时光真正到来之前，我很难对其感到兴奋。

1 2 3 4 5 6 7

17. 我觉得完全能够欣赏发生在自己身上的好事。 1 2 3 4 5 6 7

18. 我发现回想过去的美好时光基本上是在浪费时间。 1 2 3 4 5 6 7

19. 我可以通过想象即将到来的快乐时光让自己感觉良好。

1 2 3 4 5 6 7

20. 我不像本应该的那样享受事物。 1 2 3 4 5 6 7

21. 我很容易从愉快的回忆中重新点燃喜悦。 1 2 3 4 5 6 7

22. 当我在一件愉快的事情发生之前想到它时，我常常开始感到不安或不适。

1 2 3 4 5 6 7

23. 对我来说，想玩的时候就会玩得开心。 1 2 3 4 5 6 7

24. 对我来说，一旦有趣的时光过去了，就最好不要再去想它。

1 2 3 4 5 6 7

你可以将品味视为一种可以指向过去、现在或未来的行为。在翻阅婚礼相册时，我们是在品味过去的经历。在放满热水的浴缸里尽情享受时，我们是在品味当下。当发现自己对即将到来的旅行感到兴奋，并幻想将有什么乐趣时，我们是在品味未来（称为"预期"）。品味信念量表的设计理念是，关注过去、现在和未来的不同类型的品味。当你为客户评分时，可以利用以下评分策略来确定客户喜欢的品味类型。

品味信念量表评分说明

从品味信念量表中可得出 4 个量表分数：

（1）预测（anticipating）子量表得分

（2）享受时刻（savoring the moment）子量表得分

（3）回忆（reminiscing）子量表得分

（4）总分

布莱恩特及其同事推荐了两种不同的评分方法。他在开发该量表时提出的原始评分方法是分别将正锚定项目和负锚定项目分数求和，然后用正锚定项目的总分减去负锚定项目的总分。这产生了一个分数，可用作每个子量表得分和 SBI 总分。采用这种评分方法，每个子量表的得分范围为 -24 ~ 24 分，总分范围为 -72 ~ 72 分。

另一种评分方法是将量表分数转换回 1 ~ 7 分评分，方法是：将正锚定项目得分相加，对负锚定项目进行反向评分，然后将这两部分得分相加，并将所得的总得分除以项目的数量。该评分方法提供了预测、享受时刻和回忆子量表的平均得分，以及总分的平均得分。使用这种评分方法，3 个子量表和总分的得分范围为 1 ~ 7 分。这种评分方法可以让研究人员轻松地以原始 1 ~ 7 分量表的"绝对"术语解释得分。利用该评分方法，1分是最低可能的"绝对"分数（第0百分位）；2分位于绝对量表的第16.67百分位；3分位于绝对量表的第33.33百分位；4分是绝对量表的中点（第50百分位）；5分位于绝对量表的第66.67百分位；6分位于绝对量表的第83.33百分位；7分是最高可能的"绝对"分数（第100百分位）。

这两种评分方法提供了彼此相关的等效分数集。然而，这两种评分方法为评估量表评分提供了不同的"指标"：第一种评分方法产生总分，而第二种评分方法产生平均分。研究人员可以根据目的或偏好选择评分方法。

使用原始"总分法"评分

一、预测子量表得分

A. 对以下4项的得分求和：1、7、13、19。

B. 对以下4项的得分求和：4、10、16、22。

C. 将步骤A中获得的总分，减去步骤B中获得的总分，得到预期子量表的总分。

二、享受时刻子量表得分

A. 对以下4项的得分求和：5、11、17、23。

B. 对以下4项的得分求和：2、8、14、20。

C. 将步骤A中获得的总分，减去步骤B中获得的总分，得到享受时刻子量表的总分。

三、回忆子量表得分

A. 对以下 4 项的得分求和：3、9、15、21。

B. 对以下 4 项的得分求和：6、12、18、24。

C. 将步骤 A 中获得的总分，减去步骤 B 中获得的总分，得到回忆子量表的总分。

四、量表总分

A. 对以下 12 项（奇数项）的得分求和：

1、3、5、7、9、11、13、15、17、19、21 和 23。

B. 对以下 12 项（偶数项）的得分求和：

2、4、6、8、10、12、14、16、18、20、22 和 24。

C. 将步骤 A 中获得的总分，减去步骤 B 中获得的总分，得到量表总分的总和。

使用"平均分数法"评分

一、预测子量表得分

A. 对以下项目进行反向评分：4、10、16、22。

B. 对这 4 项的得分求和。

C. 对以下 4 项的得分求和：1、7、13、19。

D. 将步骤 B 中获得的总分，与步骤 C 中获得的总分相加。

E. 将结果总数除以 8，得到预期子量表的平均分。

二、享受时刻子量表得分

A. 对以下项目进行反向评分：2、8、14、20。

B. 对这 4 项的得分求和。

C. 对以下 4 项的得分求和：5、11、17、23。

D. 将步骤 B 中获得的总分，与步骤 C 中获得的总分相加。

E. 将结果总数除以 8，得到享受时刻子量表的平均分。

三、回忆子量表得分

A. 对以下项目进行反向评分：6、12、18、24。

B. 对这 4 项的得分求和。

C. 对以下 4 项的得分求和：3、9、15、21。

D. 将步骤 B 中获得的总分，与步骤 C 中获得的总分相加。

E. 将结果总数除以 8，得到回忆子量表的平均分。

四、总分

A. 对以下 12 项（偶数项）进行反向评分：

2、4、6、8、10、12、14、16、18、20、22 和 24。

B. 对这 12 项（偶数项）的得分求和。

C. 对以下 12 项（奇数项）的得分求和：

1、3、5、7、9、11、13、15、17、19、21 和 23。

D. 将步骤 B 中获得的总分，与步骤 C 中获得的总分相加。

E. 将结果总分数除以 24，得到量表总分的平均分。

注：最初，该信息经过稍加修订，出现在弗雷德·布莱恩特和约瑟夫·弗霍夫（Joseph Verhoff）的《品味：积极体验的新模式》（*Savoring: A New Model of Positive Experience*）一书中。

评估 9：工作风格量表

正如在本章前面提到的，"孵化器"工作风格是我所感兴趣的一个新的研究和实践领域。孵化器是那些有创造力且头脑冷静的人，他们能在紧迫的期限和压力下出色工作。他们通常会把工作推迟到最后，然后在"时机成熟"时采取行动。

孵化器在贴上这一标签时会感到非常欣慰，因为他们通常有一个终生的习惯，即认为自己是拖延者。不幸的是，许多拖延者听到"孵化器"的标签后也松了一口气，因为这给了他们一个可以隐藏的优势外衣。开发工作风格量表是为了区分 4 种不同类型的工作动机：拖延者、孵化器、规划者和磨洋工者。一旦你确定了客户的自然工作倾向，就可与之合作，了解其何时能够工作得最好、其工作风格如何影响他人，以及如何为项目确定最佳计划。

工作风格量表

4	3	2	1
完全符合	比较符合	比较不符合	完全不符合

A.＿＿ 我总是按时完成工作。

B.＿＿ 我的工作质量很好。

C.＿＿ 我需要一个迫切的最后期限来进行激励。

D.＿＿ 我会在压力下尽力工作。

E.＿＿ 我喜欢马上开始一个项目。

请使用以下方法对工作风格量表进行评分，以找出得分高的人群：

规划者：规划者是指那些制定工作战略并要立即着手长期项目的人。他们倾向于自我激励。规划者通常在项目A、B和E中得分较高。

孵化器：孵化器是指那些将工作推迟到最后的人。他们通常需要最后期限来自我激励，但他们总会完成项目，并能高质量完成工作。孵化器通常在项目A、B、C和D中得分较高。

磨洋工者：磨洋工者是指那些早早开始工作但容易分心、感到无聊或失去兴趣的人。他们在项目E上得分较高，在项目A和B上得分较低。

拖延者：拖延者是指那些把工作推迟到最后，然后在截止日期前匆忙完成的人。他们经常交付质量低劣、平庸的成果。拖延者倾向于在项目C或D上得分高，在项目A和B上得分低。

评估 10：真实性量表

英国研究员亚历克斯·伍德（Alex Wood）是率先对真实性（authenticity）进行科学探索的专家之一。真实性本质上是真实的、诚恳的。从科学角度来看，有一个"真实的自我"，且这个自我可以反映在行动中或者情绪上，那这是有问题的。例如，很难测量这个真正的核心，也很难测量它与日常生活的距离。如果你语言愤怒、做的事情异常危险，或者帮助了其他人，我们怎么知道这些行为是否"真实"？评估该模糊概念的一种方法，就是看这些行为对个人来说有多典型。从心理学的角度来看，真实性主要是让人的信念和行为和谐共存，这是一个人的行为与其自我的融合。伍德及其同事提到了真实性的 3 个主要方面："自我异化"（self-alienation，一个人与自己内部感知、情感或身份之间的疏离），"真实生活"（authentic living，人的生活方式是否符合其价值）和"接受外部影响"（accepting external influences，受他人的信念和愿望影响）。伍德和同事创建了以下真实性量表。

真实性量表

1········2········3········4········5········6········7

完全不符合我　　　　　　　　　　　　　　完全符合我

1.＿＿ 我认为，比起受欢迎来说，做自己要更好。

2.＿＿ 我不知道自己内心的真实感受。

3.＿＿ 我深受他人意见的影响。

4.＿＿ 我通常按照别人的要求去做。

5.＿＿ 我总觉得自己要做别人期望我做的事。

6.＿＿ 其他人对我影响很大。

7.＿＿ 我觉得自己好像不太了解自己。

8.＿＿ 我始终坚持自己的信念。

9.＿＿ 在大多数情况下，我都忠于自己。

10.＿＿ 我感觉与"真实的我"脱节。

11.＿＿ 我按照自己的价值和信念生活。

12.＿＿ 我感到与自己疏远。

注：你可以利用这些评分说明得出真实性 3 个维度的分数：真实生活为第 1、8、9 和 11 项；接受外部影响为第 3、4、5 和 6 项；自我异化为第 2、7、10 和 12 项。

真实性量表在你与客户的合作中非常有用，很适合需要"站稳脚跟"的新任领导，以及其他正在进入快速成长期或身份转变期的人，如与职业变化相关的人。量表可以作为触点，来讨论个人价值和认同感。此外，该指标中包含的 3 个子量表可以帮助你了解客户在不同方面的真实性。接受外部影响和自我异化都与压力和较低的幸福感明显相关，而真实生活则与较高的幸福感相关，了解这些可能会有所帮助。为了加以比较，伍德和同事报告了学生样本和社区样本中这 3 个维度的平均分数，见表 6-1。

表 6-1　学生样本和社区样本的平均分数

	学生	社区
真实生活	22.05	19.02
自我异化	13.34	13.67
接受外部影响	10.84	12.46

评估 11：优势利用量表

对我来说，优势科学最为有趣的一个方面在于，我们倾向于关注特定的优势。在过去 10 年中，积极心理学家一直在研究优势，他们主要关注测量个人优势，如感激、宽恕和好奇心。支持、查看一般优势而非特定优势利用也是很有意义的。这正是我在应用积极心理学中心的两位同事里纳·戈文吉和亚历克斯·林利所做的。他们没有询问勇气、领导力或创造力，而是制定了一项测量标准，要求人们报告其一般利用优势的诀窍。有趣的是，他们发现，一般意义上的优势利用与真实性、活力和提升的幸福感密切相关。

优势利用量表

以下问题会询问您的优势，即您能够做得不错或者做得最好的事。请使用以下评分对每项陈述作出回应：

　　　1　　　2　　　3　　　4　　　5　　　6　　　7

强烈反对--------------------------------------- 强烈同意

1.___ 我经常做自己最擅长的事。

2.＿ 我总是能发挥自己的优势。

3.＿ 我总是努力利用自己的优势。

4.＿ 我利用优势实现了自己想做的事情。

5.＿ 我每天都在利用自己的优势。

6.＿ 我能够在许多不同情况下利用自己的优势。

7.＿ 我利用自己的优势在生活中得到了想要的东西。

8.＿ 我的工作提供了许多可以利用自身优势的机会。

9.＿ 我的生活为我提供了许多不同的方式来利用自身优势。

10.＿ 利用优势对我来说是自然而然的事。

11.＿ 我发现，在所做的事情中发挥优势是一件很容易的事。

12.＿ 我的大部分时间都花在做自己擅长的事情上。

13.＿ 利用优势是我所熟悉的事。

14.＿ 我能够以多种不同的方式利用自身优势。

你可以通过多种方式与客户一起使用此评估。这项测量不仅提供了优势利用的一般标准，还可以使用单个项目进行深入讨论。例如，针对"我的生活为我提供了许多不同的方式来利用自身优势"，要求客户列出这些方式，从而提高对潜在机会和资源的认识。戈文吉和林利直接谈到了这一点：

我们认为还值得注意的是，在完成量表时，许多参与者评论说，各种问题，特别是关于他们的优势的问题，促使他们思考以前没有考虑过的生活和经历。许多参与者自发地评论说，这些有助于他们思考未来的生活方向，因此可以很容易地与职业生涯教练的应用以及教练关系中当一个人在考虑下一步计划和前进方向时的情况联系起来。

积极心理学最好的一面是，它不同于其他形式的自助，也不同于诸多类型的教练，最重要的是，它是一门科学。因此，积极心理学在很大程度上依赖于用实证方法来调查人性积极的方面。研究人员开发了各种评估工具，这些评估工具在概念和统计方面都十分有趣。其中许多评估工具，如本章所述，与教练直接相关，可有效用于量化客户心理资源，或为教练与客户之间富有成效的对话打开大门。这些量表并非意在"全盘接受"或与每个教练客户一起使用。相反，它们旨在作为现有教练实践的辅助手段，用在最有用之地，而非不适合的地方。我曾试图引入评分相对容易且无须专门培训统计学或研究方法的测量。一如既往，明智的做法是采用你自己感兴趣的测量，或者在与实际客户使用之前与同事或朋友进行"排练"。

POSITIVE PSYCHOLOGY COACHING

第七章　银发和墓碑：终身积极心理教练

"人到中年并不意味着土埋半截。"

——佚名

我可以说是个学习很慢的人，但我在做了两三年的教练后，突然意识到自己有特定类型的客户群体。围绕教练业务的共同智慧是，一个人应该发展自己合适的定位，既要保障所热爱的工作，也要更具战略性地向细分人群营销。因此，几乎所有专业领域都有教练，比如学术教练、创造力教练、育儿教练和高管教练。这些教练中的每一位都清楚自己的客户是谁。高管教练与高管和经理合作，商业教练与企业家合作。相比之下，我开发的积极心理教练领域没有明显的同质潜在客户群。人们参加教练是为了决定大学毕业后该做什么、如何换一份新的职业，以及如何捐出在退休前所赚的数百万资产。他们唯一的共同点似乎是，都有一种自然的愿望，即关注积极一面，并渴望看到科学所能提供的东西。事实证明，他们大多也恰好是中年人，这是自然而然的事，因为有能力支付教练费用的人普遍会更为年长。我有几位 30 多岁的客户，他们渴望事业成功；我也有一些 50 多岁的客户，他们渴望找到有意义的第二职业。但我的客户似乎都处于 30～50 岁（有时是 60 岁出头）。

当我意识到客户会在一定程度上受到年龄影响时，我开始思考他们提出的问题类型。不出所料，他们因这个年龄段的典型问题而寻求帮助：他们想创造遗产，想重新点燃激情，想努力实现自己长期搁置的梦想。有趣的是，这些客户中有很多人的动机来自中年本身。我们都知道"中年危机"的陈词滥调，即衰老的身体背叛了我们，"中年危机"的说法在不断灌输一种存在的恐惧，这种恐惧激发了戏剧性的变化。虽然很多客户并不算是"处于危机中"，但他们都在努力解决这些基本问题。随着时间的推移，我开始更明确地研究这些问题，特别是处于积极心理学背景下的问题，比如激情和优势。本章是我对这段经历的总结。我在接下来的内容中会分享自己的见解和方法，这些见解和方法可以广泛应用于中年人。这涵盖寻求职业、生活和商业教练的人群。本章不一定适用于所有教练，仅限于特定教练（尽管客户数量很大）。如果你只与30岁或30岁以下的人群合作，请接受我诚恳的歉意，因为我没能为你写一个量身定制的章节！

欢迎步入中年

在某个时刻，我们都会来到这样一个阶段：起床后，会发现自己的腿很酸痛，背部不舒服，或者身体的其他某个部位疼痛，而我们之前甚至都不知道这个部位的存在。这通常始于身体症状：我们会更容易擦伤，关节疼痛更为明显，受伤后需要更长时间来进行恢复。或者，我们会莫名其妙地受伤。我妻子最近对我说道："从什么时候开始，我不得不开始热身和伸展身体，只是为了在高速公路上检查后视镜？"显然，左侧驾驶时缺乏适当的身体准备，让她在检查相邻车道上是否有车时，像是被鞭打了一下。当然，我不是在谈论80岁老人或老年退休人员的日常疾病，而是我们大多数人在30多岁时会发生的一些身体变化。这些身体预兆宣布了我们都知道的那个称为"中年"的时期已经到来。对许多人来说，这个词会让人联想到身体的崩溃、心理的动荡和时间的必然性。对他们来说，步入中年就像进入监狱一样，带有同样的终结感。

当然，中年是一种文化虚构的概念。事实上，我们已完全把它当作了一个抽象概念。中年时期的到来在过去几十年中变得越来越晚。现在，我们通常认为40岁生日是中年的确切时刻。大多数西方国家的预期寿命在80岁左右，因此这样划分是有道理的。1～39岁是过山车前往顶部时的缓慢碰撞，40岁及之后，则通常被视为可怕的下落。然而，在13世纪50年代，40岁生日意味着晚年的到来。公元前2500年，40岁的人会成为受人尊敬的族群长者。随着人们寿命延长、身体更加健康以及工作时间更久，中年的概念再次发生变化。在许多方面，50岁很可能会取代40岁而成为中年的标志，这一趋势将继续下去。事实上，我们已经看到中年这一概念最近发生了许多变化。医疗保健的进步延长了人们所认为的中年时期，而且社会的变化也改变了中年的含义。一些40岁的人在考虑，既然孩子已经离家，那么自己该再做些什么，而另一些人则刚刚生了第一个孩子。中年对每个人来说，不再意味着完全相同的事。然而，有件事是肯定的：即使是最健康的人，在这段人生中期通常也会遇到一系列心理难关。

在某种程度上，无论我们谈论的是34岁、40岁还是52岁，这都没有关系，总有一种关于"中年"的观念会超越时间的前进和身体的疾病。从文化上讲，中年是我们大多数人面临巨大心理转变的时期。像青春期一样，中年是一个自然的阶段，需要自我反省，也需要对"你是谁"作出解释，无论是在工作中、在家里，还是在人际关系中。正是由于中年会存在身份、遗产、成功、健康等固有主题，这一时期非常适合教练干预。在许多方面，中年是人们自然地"自我检查"的时期，他们会重新发现或重申自己的价值和梦想。中年的核心是转变，细心的读者会发现我所侧重的观点：教练从根本上来讲也是一种转变方式。

每个上了年纪的人都有一种内在的转变感，但这种感觉往往是"衰退"而非"改善"。接近或经历中年的人会因注意到身体衰退的最初迹象而变得焦虑。第一次发现灰白的头发、第一次潮热，或者第一次不得不坐下休息，而非和儿子一起打完篮球比赛。不可否认，中年是一系列身体变化的过程，其中许多似乎是朝着我们不喜欢的方向变化：我们似乎行动变慢、体重增加、肌肉减少。事实上，在20世纪90年代，随着婴儿潮一代经历了中年时期，人们就越来越关注老年人身体可能出现的所有问题。书籍、研讨会和专家突然开始谈论更年期、体能下降、记忆力减退和前列腺癌。中年时期出现的明显的身体衰退导致了一种更广泛的心理现象，大多数人将其视作"中年危机"。

我们都经历过这种心理上的混乱或者看到过这样的人。这里的逻辑是，当我们第一次意识到死亡临近时，会想要抓住青春的感觉。会有一些老生常谈的事发生，男人扎马尾辫、买摩托车，女人急忙去找美容外科医生。很多时候，中年危机已经成为一种不可避免的文化叙事，是一种令人不快的中年青春期，因此在开始认真生活之前，我们必须在心理上作出让步。

事实远非如此。尽管我们都必须面对身体老化的现实，但却不一定要以优雅以外的方式来处理这一时期的心理转变。也许更重要的是，我们不仅可以依靠那些在我们之前就已经经历过这一时期的、有丰富经验的人，也可以在这一阶段的生活中利用巨大的科学资源。作为教练，我们可以在帮助客户拥有平稳、充满成长的中年体验方面发挥影响力。

> 大多数人忽视了这样一个事实，即中年人通常处于最有效的位置。他们拥有智慧、尊重、地位、技能、社会关系、资源和获得的知识。所有这些都可以让中年阶段成为激动人心的发展机会。

对于那些能回忆起高中或大学心理学课程的人来说，你可能会记得"发展阶段"（developmental stages），这是由受人尊敬的埃里克·埃里克森（Erik Erikson）提出的理论。根据埃里克森的观点，成年中期的主题特点是"亲代性"（generativity）和"停滞"（stagnation）之间的平衡。埃里克森的这句话暗示，处于人生这一阶段的人们会开始思考自己的遗产，会思考自己想留下什么。从本质上讲，他们想要有"创造性"，无论是抚养孩子、发展业务还是写书都是如此。埃里克森的观点中最有说服力的一点是，他并非暗示人们为身体和精神上立即衰退的威胁所折服，并急于为自己创造遗产。相反，他认为中年人恰好处于一种独特的特权地位：他们正处于最有创造力的时期，正担任管理者、高管、股东、企业董事长等职务。埃里克森的理论为我们提供了本章的重要主题。我们可以帮助客户将中年危机转变为中年机遇。中年不一定伴随焦虑，也有可能充满机遇。

你对变老有何感觉？

每个人都不一样，不是每个人都有相同的老龄化观点。我们关于衰老的许多想法来自自身文化和个人经历。一方面，西方文化告诉我们，40 岁的人在与不确定的中年时期抗争时，预计会"发疯"。另一方面，西方社会也发出了一个明确的信息，即目前人们在晚年会比以往任何历史时期都更健康、更有能力。我们的一些观点来自家族史。我认识一位女士，她的家族有很悠久的阿尔茨海默病病史，她经常担心变老。对她来说，衰老过程充满了智力风险，每一天都可能让她更接近精神衰退。相比之下，我认识的一位 50 多岁的客户似乎每天都对自己的年龄很感兴趣。他经常吹嘘自己 80 多岁高龄的父亲，即使故事会涉及父亲变得古怪或困惑的方面。对于他来说，在他的一生中，衰老甚至是衰老的消极方面，似乎都是其享受的喜剧的一部分。他似乎已经接受了年龄只是从一个阶段发展到下一个阶段，并且能够从这个过程中获得快乐。你也有一些关于衰老过程的想法，无论这想法是含蓄的还是明确的。花点时间考虑一下你对变老有何感觉。变老很可怕吗？令人激动吗？蕴含多种感受吗？

测量对年龄的感知

您或客户可以采用以下测量工具，来评估自己在涉及衰老的心理旅程中所处的位置。接下来是一些关于衰老的问题。请使用以下评分来表示对每一项同意或不同意的程度。请在填写此量表时尽可能诚实作答。

5	4	3	2	1
同意	略微同意	中立	略微不同意	不同意

1.＿＿ 我相信自己现在比 10 年前好多了。

2.＿＿ 我对自己的身体感到满意。

3.＿＿ 我担心自己学不到新东西。

4.＿＿ 我觉得自己和以前一样聪明。

5.＿＿ 我相当健康。

6.＿＿ 我相信 10 年后的自己会比现在更好。

7.＿＿ 我对自己将留下的遗产相当满意。

8.＿＿ 我希望能重温青春。

9.＿＿ 我经常想到死亡。

10.＿＿ 我对所做的工作感到满意。

评分：

现在花点时间把分数加起来。也就是说，简单地计算数字并得到总分数。然而，有个需要注意的部分，就是对于问题 3、8 和 9，你需要"反转"分数，把"1"变成"5"，"2"变成"4"，而"3"仍然是"3"。现在，继续算出总分。以下是有关解读分数的说明：

40～50分 如果你的分数在这个范围内，那你似乎对衰老持有健康的态度。你似乎不会对衰老的过程感到过度沮丧，并且可以从中看出些补偿的价值。

21～39分 如果你的得分是30分，或者非常接近30分，那么你就是处于平均水平。衰老的某些方面可能会让你和其他人感到担忧，而你也会对其中一些方面感到舒适。

10～20分 这个范围内的分数，表明你对衰老及其可能带来的影响有真正的担忧。

记住，这些分数是基准，且只能作为一般指标使用。如果你的分数低于预期，也不要惊慌。这些都是模糊的指导方针，来为我们提供一个基线，你能从这些可提高的分数中得到安慰。但不管具体得分如何，你都会注意到，有些项目与身体健康有关，有些与随着时间推移"变得更好或更糟"的感觉有关，而有些则关注未来而非过去。在所有可能的情况下，其中一些可能是你或客户的优势领域，而另一些则会比较麻烦。你可以针对这些初始基准分数展开讨论，将其与客户提出的问题相联系。例如，想要讨论"发展自身业务"的客户也可能会有这样的见解，即他们通常认为自己"随着年龄的增长而变得越来越糟糕"。

如何将中年转化为机遇

我经常惊讶于孩子们的玩耍、创造力和韧性。我的邻居是美国移民，小时候在持续多年的战争中长大。当然，他的教养方式与我的大不相同。我还记得在潮湿的中西部夜晚，自己穿过一排排高高的玉米；他还记得离他家只有几千米远的前线传来的迫击炮声。我记得妈妈告诉我要在天黑前回家；而他的母亲则提醒他小心狙击手。在第一次见到邻居时，我无法想象他是在这样的环境下长大的。我为他感到难过，因为他失去了童年。有一天，当我向他提到这种情绪时，他立即纠正了我。"但我确实有童年，"他告诉我，"我有一个很棒的童年。"当然，他有时会忍受没有电的痛苦，但也会和朋友们坐在门廊上，看着火箭击中城镇边缘。他会在被炸毁的建筑废墟中玩耍，会骑在坦克上。据我的邻居说，战争并不是每一天每一分钟都在打响，也会有沉寂、平静的时候。对一个小男孩来说更为重要的是，他可以有足够的机会探索小镇周围的废墟。不知何故，我的邻居凭着坚忍的人类精神，把人类最丑陋的一面变成了一个游乐场。你可以看到，如果他能用像"战争"这样严肃的话题来做到这一点，我们当然也可以用"中年"来实现转变。

作为教练，我们可以帮助客户将常见的冲突重新定义为机遇。然而，我想澄清的是，我并非以天真或不切实际的方式表达这一点。我不抱有每次困难都是"礼物"这样的心态。我觉得很难相信像癌症这样艰难的生活经历能被认为是"发生在我身上的最好的事情"。然而，我确实认为失败是学习的自然组成部分，困难会让人变得坚忍、获得成长，而斗争通常可以塑造性格和意义感。积极心理学不是试图说服客户，让其相信车祸和失业真的是变相的好事。更确切地说，这是关于看待问题的两个方面。中年有着不可否认的困难，但如果将中年仅仅局限于这些生理和心理障碍，而忽略其所有好处，这也会是一个错误。因为很多教练都聚焦于工作场所事宜、职业目标、财务目标及抱负，所以本章的大部分内容会集中讨论这些关注点。

到目前为止，我们学到了什么？

●常见的文化信息告诉我们，中年是身体和精神长期衰退的开始。这是虚构的。

●中年是个过渡期，通常需要人调整自我意识和未来预期。然而，没有必要将其下调。我们可以很容易地看到，中年自我甚至比20多岁时会更好，并且可以相信未来充满希望。

●事实上，比起年轻人，中年人有巨大优势。我们更睿智、生活经验更丰富、掌握更多的技能、处于教导和指导他人的更佳位置、在经济上更有保障，而且在工作、社区中担任更有用的职位。

●中年时期是考虑遗产的激动时刻。这并非因为我们害怕死亡即将来临，而是因为我们终于能够创造遗产（无论是基于知识、社区影响还是经济方面等）。这些遗产是赋予我们生活特殊意义的独特方式。

●从心理上来说，如何步入中年其实是一种选择。

中年阶段的工作：会有人看到我的激情吗？

我喜欢教练的一点在于，我们有不同的职业背景。当然，我们中有一些人从一开始就直接从事教练工作，但大多数人都是从以前的职业跳槽为教练的。还记得你刚开始职业生涯的时候吗？无论你是杂货店的收银台职员、公共汽车司机、实习律师还是销售代表，这都不重要。花点时间回想一下那段时间。试着回忆一下它的好与坏。工作时间可能很长，老板可能是个盛气凌人的人，又或者工资可能很低。但是，人们也很有可能会对这项工作感到兴奋，会感到学习了新技能，感到"成长"，甚至只是一种"我在向某处前进"的感觉。我可以给你一个更具体的例子来加以说明。就在前几天，我询问波特兰州立大学学生的职业抱负。他们提到说想成为顾问、拥有自己的企业、成为警察、开办动物收容所、成为研究人员等。然后我问他们为什么要做这些事。也就是说，是什么样的价值，让每天从 9 点工作到 5 点这件事变得值得。正如你可能猜到的，他们的答案非常理想化，比如我想帮助人们，我觉得自己可以改变世界，我想让社区变得更好，我坚信自己可以帮助解决这个紧迫的问题。他们都没有提到日常工作中许多实际而积极的方面：薪水、从事新项目的兴奋感、销售的急迫感或者学习新技能所带来的满足感。他们的理想主义令人感动，这也让我想起了处于他们这个年纪的我自己。

也许你也能从他们身上看到一点自己。也许在刚开始创业时，你期待的不仅仅是稳定的收入。也许你考虑过其他价值，比如尊重社区、为家人提供帮助、创造优秀的产品、帮助他人或获得新技能。我敢打赌，你在第一次工作时感受到了明显的兴奋感。我大学毕业后的第一份工作是在一个集体之家帮助情绪严重紊乱的青少年。有时他们真的很暴力：有次有人踢到了我的脸，有人试图把另一个人推到火上，有人试图喝漂白剂，有人会拔出一把刀。我每小时赚 9.07 美元。尽管工作条件艰苦、经济补偿不足，但我还是喜欢这份工作。我觉得自己有机会改变这些孩子的生活。但我也感受到了挑战。我觉得自己在获得技能和经验，后来这些帮助我找到了更好的工作或获得了进一步接受教育的机会。希望你能从自己的专业领域中回忆起同样的热情。

后来，对于许多人来说，这种兴奋会逐渐失去光彩。对很多人来说，最初的"新星"感觉变成了一颗隐约闪烁的星星。这些儿童的梦想是成为宇航员、职业棒球运动员和电影明星，但最终却成为销售代表、结构工程师和广告商。尽管后一种工作是有回报并且现实的，但有时，特别是在职业生涯中期，生活似乎完全偏离了轨道。作为教练和顾问，我花了大量的时间与处于职业生涯中期的专业人士打交道，他们有一天会突然"醒来"，意识到自己的激情放错了地方。我经常听到有人说"我不能理解"或者"我以前对工作很热情，但现在却感觉很枯燥"。我还听过有人说："不知道是工作变了，还是我变了，但有一件事可以肯定，那就是我并不快乐。"这是一个普遍现象，而且尤其容易发生在中年人身上。在"我想帮助世界变得更好"和"这些年来我一直在做什么"之间的某个地方，现实狠狠地泼了人冷水。账单必须支付，老板并不总是令人愉快，生意失败，职业生涯变化，同事难搞，项目解散，工作停滞。这不是任何人的错，工作就像天气一样，也会沉闷。

失去工作激情这一问题显而易见：工作不再像过去那样有趣和有意义

了。我们开始精力衰退、动力减少、工作质量下降，同时也变得不再快乐。这也存在超越个人不适和生产力低下的危险。如果人们在工作中失去动力，他们往往会寻求剧烈的变化。他们有时会转行，这可能存在困难和风险。一份新的职业可能意味着失去资历、重返学校、工资更低、地理位置改变，或者新工作不会更好。失去动力的员工也会把烦恼带回家，婚姻也会因此受到影响。如果有人在工作中感觉不到价值或者意志消沉，他们很可能会因此变得沮丧、难以相处。他们的困难不仅仅是需要"振作起来"。这些员工通常会感到愤怒、怨恨、内疚和沮丧，而这些情绪反过来又会影响工作以外的关系。并且，也许最糟糕的是，他们有时无所事事，而且一辈子都要从事毫无意义的工作。他们接受了自己的命运——通勤、工作间、复印机，并屈服于冗余的感受，屈服于失去成长和意义。

好消息在于，工作可以是有趣的，也可以是令人振奋的，不需要从一份工作跳槽到另一份工作。我估计，我的绝大多数的客户（可能有75%）是中年人，同时也是职业生涯中期的专业人士，他们已经失去了"精力"，正在考虑转行。这种人生决定的高风险，是他们没有作出承诺的唯一原因。他们几乎总是抱有"这山望着那山高"的心态，好像在想，"如果我能在有更好的老板或不同项目的公司找到一份新工作，我会特别高兴"。我总是提醒他们，在作出重要决定之前要先审视一下自己。也许专横的主管不是其问题的根源。也许问题在自己这边。也许他们在一些重要的方面改变了自己的价值、对工作的看法和期望。作为第一步，我通常鼓励客户要向内反思，并检查自己可以作出什么改变，以使工作更有意义。如果这个过程无济于事，我们会考虑新工作这一备用选项。但在跳船之前，要看看船能否被打捞上来！在和客户合作时，我们会采取一些标准步骤，来看是否能为这项旧工作注入新的活力，我在这里将这些步骤分享给你。

以我之前的客户克里夫为例。克里夫在一家软件公司担任项目经理。更重要的是，克里夫厌恶他的工作。他害怕每天早上走进办公室，他告诉我，他认为这是"在矿井里工作"。克里夫说，他之所以留在这个职位，只是因为薪水，因为他不确定自己还能做什么。正如你所料，克里夫和我制定了退出策略。他急切地想找到一份新的工作，同时也埋头忍受目前的工作。然后有一天，克里夫心脏病发作了。他从医院给我发了一条消息，告诉我他没事，但这次事件是一个警钟。自然而然地，我预料这次事件的提示是"这个工作场所有毒，克里夫必须离开"。两周后，我在得知克里夫重返工作时，十分震惊。克里夫并没有把自己的健康紧急情况当作"最后的救命稻草"，而是意识到他眼前的问题是压力管理。他想知道如何改变自己而非工作，才能更好地应对周围的世界。这也给我敲响了警钟：客户不一定需要通过"跳槽"来面对困难，即使这种选择有时十分诱人。

你觉得自己的工作怎么样？

我们每个人都与自己的工作有着不同的关系。有些人在周一早上拖着身体去办公室，而另一些人在周五晚上几乎无法离开办公桌。对于处于人生中期的人来说，这通常意味着职业生涯中期，他们对工作有强烈的感情。对于一些人来说，这个阶段是一个职业亮点，他们比以往任何时候都拥有更多的权力和责任。也许他们最终看到了新创企业的扎根和繁荣，觉得自己很有效率、受到尊重，并且可以享受工作带来的一些物质回报。然而，对许多其他人来说，他们会感到迷茫。"我怎么会走到这一步？"这些人问自己。尝试进行以下调查，了解你与工作的关系。你也可以使用本调查的另一种形式，即上一章中的工作生活问卷。虽然这两项评估的测量标准并不完全相同，但两者之间存在一些概念上的重叠。

请使用1~5分，来表示您对以下每项陈述的同意程度。回答时请尽量诚实。

5	4	3	2	1
同意	略微同意	中立	略微不同意	不同意

1.___ 我对自己的工作很满意。

2.___ 我经常在工作中学习到新东西。

3.___ 我觉得自己的工作在某种程度上对社区或世界有利。

4.___ 我喜欢自己的同事。

5.___ 工作中有人支持或鼓励我。

6.___ 在工作中，我经常有机会做自己最擅长的事情。

7.___ 我期待去工作。

8.___ 我会向朋友推荐自己的工作。

9.___ 我想继续从事目前的工作。

10.＿＿ 我的工作充分体现了自己的一些个人价值。

现在，简单地记录你的回答，这样就可以得到 10～50 分的最终分数。不需要做反向评分，只要把所有的数字加起来，就可以得到总分。使用以下指南来评估你对工作的热情度和参与度。

40～50 分 如果你的分数在这个范围内，你很可能会发现自己的工作不仅很有意义，而且讨人喜欢、令人愉快。

21～39 分 这是平均范围。许多得分在这个范围内的人会对工作有一些不满。有时他们对自己的工作感到失望，或者只是希望能从工作中获得更多的目标感。

10～20 分 这是较低的范围。许多得分在这个范围内的人对自己的工作不满意。他们经常想到周末或其他离开办公室的时间，并且希望自己能找到一份更有价值的工作。

重新与工作建立连接：评估价值

中年的潜在陷阱是意义感意识的提高。心理学家埃里克·埃里克森认为，在人生的这一阶段，人们希望自己富有成效、富有创造力。如果将自己作为试金石，你可能会在职业生涯中看到这种情况。你可能想帮助他人，提供商品或服务，对社区产生影响，为家人提供舒适的生活。我们大多数人通常也希望成功，无论我们如何定义成功。最终，我们希望自己的工作是值得的。没有人愿意感觉自己的工作毫无意义，或者自己最好的品质被忽视或滥用。

在这方面，我们和大学里坚持崇高理想的学生没有什么区别。如果你的客户发现自己在工作中越来越气馁，或者已经看不到更大的目标，那么这是后退一步并且评估自身优势和价值的绝佳机会。没有必要急于放弃、整天抱怨，或者默默忍受。不妨把它当作一个警钟，来重新审视客户在职业生涯初期和现在的心理状况。

考虑通过提出以下问题来引导客户：你还记得自己是如何获得目前这个岗位的工作的吗？你是通过朋友介绍的吗？这与你大学主修的科目有关吗？你追随了父亲的脚步吗？从一份工作到另一份工作的转变是否有缓慢的进步？你是怎么到达这里的？试着回忆一下，是什么让你选择了现在的职业生涯。作为教练，你可以将这段职业生涯与更内在的过程进行对比："现在，试着记住是什么将你吸引到了现在的职业生涯。"这是一个非常不同的概念。你客户的朋友、教授或父亲可能为他找到了第一份工作，但是什么让他接受了这份工作？考虑以下问题：这份工作的哪一点吸引了你？这份工作让你激动的点是什么？你期望能从工作中得到什么？你的职业抱负是什么？你的期望是什么？你可以通过回答以下问题，让客户反思并写下一些核心价值：

1. 我的工作最初吸引我的是哪些方面？

2. 刚开始工作时，我对自己的职业生涯有什么期待？

3. 刚开始工作时，我的工作有什么令人激动的地方？

4. 这些开创性的希望和令人兴奋的工作特点，与我目前的工作情况有什么相似或不同之处？

通常，在与客户交谈时，他们会对这些问题的答案感到诧异。他们要么忘记了自己最初热衷于什么，要么对这些因素是如何从工作中消失的感到惊讶。例如，我最近与一位来自芝加哥的社会工作者一起工作，她进入这个行业是希望帮助处于危机中的穷人。但15年后，她几乎要辞职了。官僚主义的纷争、压倒性的工作量和微薄的薪水都磨灭了她工作的所有激情。当她回顾前面问题的答案时，她惊讶地忆起走进办公室的真实的兴奋感。无论是对她、对你还是对客户来说，最有价值的问题都是：你如何找回那种兴奋感？对于社会工作者客户，我们使用了3个不同的步骤：①提醒其最初的价值；②采用优势方法工作；③创造与其生命新阶段相适应的新价值。

找到工作热情的 3 个步骤

- 探索、确定价值。

- 识别、发展优势。

- 探索客户在这个生命阶段的"契合度"。

年轻时的理想，或者重新审视你的原始价值

我最羡慕年轻人的一点是他们的理想主义。我并非那么愤世嫉俗，我羡慕他们相信世界会变得更好，自己可以推动这一变化。事实上，我认为每个年龄段的人都可以实现自己年轻时的理想。在工作中，我们常常会忽略一个事实，即重要的是我们的基本价值，而不一定是薪水。正如我所教练的社会工作者一样，她被积压的客户压得喘不过气来，几乎没有午休时间，更不用

说找时间检查自己的潜在动机了。但通常情况下，这个时候最需要反思。当我问她"你最后一次感觉自己真的帮到别人是在什么时候？"她几乎哭了起来。她一直都忙于工作，以至于她无法看到自己的使命。

让我们在这里进行与客户相同的练习：现在，花点时间反思自己最初的使命，即开启你职业生涯的事。是什么吸引你去做教练？你想帮助别人吗？是想击败竞争对手吗？是想要开创新产品吗？想要赚钱？还是想要找到一份能在家完成并且时间灵活的工作？现在，让我们再深入探讨一下。看一下我所说的"底线之下的线"。这些动机背后的价值是什么？你为什么要帮助别人？你认为是什么让你想要击败竞争对手？开创新产品的价值是什么？将你的使命和价值写在易于参考或回忆的某个地方。也许你把它贴在书桌抽屉里，或者放在钱包里。无论你的理想价值是什么，每当你走进办公室，或者拿起电话与客户聊天，或者做文书工作时，都要记住这一点。告诉自己："这就是我在这里的目的。"寻找机会完成你的个人使命。其本身可能并非一种神奇的药丸，无法治愈你工作时抱怨的所有弊病，但却已经帮助许多人恢复了活力。

我小时候喜欢争论。这不是说我喜欢顶嘴或者特别淘气。我的意思是，我喜欢选定立场并为其辩护的过程，也喜欢寻找方法来找出其他人的逻辑漏洞。我知道，听起来我可能不是街区里最有趣的孩子。但是别担心，我会骑自行车，也可以参与正常的儿童活动。只不过我总是善于争论。如果我想熬夜，我可能会向父母提出建议："我会给你们3个应该破例的理由。"正如你可能猜到的，从很小的时候，人们就告诉我，到应该进入职场的年龄时，我应该成为一名律师。我似乎有这一特点——辩论能力，这似乎与专业法庭诉讼密切相关。但最终，我选择了一条不同的职业道路，不过我一直在想，自己在很小的时候就被贴上了这种特殊特质的标签，直到今天，我依然相信这对我来说是真的。

你的客户肯定也有类似的经历，朋友、老师或父母给他们贴上了带有某种特质的标签。他们也许是有艺术天赋的孩子，也许擅长运动，也许是家里的智慧担当，或者是那些能与所有人交朋友的孩子。但大多数人没有意识到的是，这一概念在文化上的规定方式：我们拥有相对不变的特质。这是非常西方化的，也就是说，美国、加拿大和英国等国家通常认为人不会改变。如果一个人善良或勇敢，我们往往认为其在大多数情况下都会善良、勇敢。我们将这种特质视为内在的，就像燃烧的余烬，随时准备在需要时爆发。

但并不是每个人都这样想。东方文化（如日本）的研究表明，这些社会中的人们往往更强调情境的力量。他们可能认为，萨利并不一定天生勇敢，但会有特定的情况让其变得勇敢。如果你加以考虑的话，东方观点也很有道理：即使是我们认为慷慨或宽容的人也不总是如此。这是一种倾向，而非绝对。东西方关于自我思维方式的差异都具有有趣而重要的含义。西方观点认为"自我"是相对固定的，而东方观点则倾向于将"自我"视为短暂的、可变的。作为西方人，我在试图用东方的思维方式来思考问题时，会感到迷茫。我觉得自己是固定的，有着不变的特质，这让我感到稳定和安全。思考我是谁，可能会从一个场景变为另一个场景，会感觉自己像名宇航员，在太空中自由飘浮，这对我来说并不十分愉快。我不认为一种观点会优于另一种观点，这只是心理地理学的产物而已。相反，我想指出应该如何在工作中利用东方观点。

对大多数人来说，工作是自我的核心。在第一次见面时，我们经常问："你是做什么的？"这个问题的答案会给出各种关于技能、教育背景、兴趣、经济阶层等方面的信息。因为工作占据了清醒时的大部分时间，也因其提供了诸多目标和意义，所以工作自然而然地成为自我的核心，具有重要地位。提到中年，有趣的一点在于其核心是自我的转变。在西方文化中，自我和特征一般被视为相对固定的，在此期间我们经常会遇到"危机"。但有趣的是，印度、日本的人类学研究并没有支持西方意义上的"中年危机"。在这些国家，人们倾向于将老龄化视为生命阶段的一部分，每个阶段都有其不同的地位和责任。也就是说，他们放弃了年轻的自我阶段，转而进入新的阶段。无论如何，这些地方的中年危机似乎较少。这是否说明有更流畅的自我认同可以帮助我们更优雅地处理中年过渡期？

可能的自我

随着年龄增长，最大的挑战之一就是中年的生理、心理和社会现实往往与自己所认为的不一致。我清楚地记得妻子第一次称我为"大块头"时，我还以为她在开玩笑。我觉得自己不是大块头，而是一个非常柔软、优雅的人，顽皮而活泼。然后我照了照镜子，却发现一个食人魔把我自以为的小精灵吃掉了。这可能是防御机制，可能是文化现象，也可能是大脑惰性，但有时我们更新自我的速度真的很慢。你会在客户身上看到这一点。你的客户对自己有一定的看法，并且可以像我们其他人一样，将其缓慢更新，以符合不断变化的现实。这里的危险在于，如果指出理想化的自我和现实自我之间存在的差异，那么这可能会让客户非常不安，而情绪上的不安可能会与教练的目标背道而驰。我们需要一些心理训练来适应自己的身体、社会地位、认知功能和价值上的变化。即便如此，这些变化也不会让一切变得更糟。

生活变好了还是变坏了？

试着思考一下现阶段的自己。把自己的方方面面都考虑一下。您是否会趋于衰落或好转？试一下以下调查以了解您目前的方向。如前所述，使用 1~5 分来表示您对每一项的满意程度，并在回答时尽量诚实。

5	4	3	2	1
同意	略微同意	中立	略微不同意	不同意

1.___ 在社区，现在的我要比早年更受尊重。

2.___ 我觉得现在的自己比早年更加成熟。

3.___ 我为自己的工作成就感到自豪。

4.___ 我为自己的家庭成就感到自豪。

5.___ 我很健康。

6.___ 随着年龄增长，我越来越有魅力。

7.___ 近来，我有了更多的机会。

8.___ 我觉得自己已经掌握了一项技能或获得了重要知识。

9.___ 我期待未来能学习到更多东西。

10.＿＿ 我现在比年轻时更加聪明。

40～50分 这是较高范围。得分在这个范围内的人通常对自己的生活状况感到满意。他们认为自己在进步并展望未来。

21～39分 这是中等范围。得分在这个范围内的人通常会看到变老带来的好处，但也可能会有一些抱怨。

10～20分 这是较低的范围。得分在这个范围内的人通常认为变老的过程是在走下坡路。

当你回顾自己的答案时，可能会惊讶地发现，中年在许多方面都与积极结果相关。年长的人通常会受到更多尊重，拥有更多权力，在工作和家庭中取得更多成就，并获得了智慧、技能和知识。事实上，如果他们有共同的抱怨，那就是与身体健康有关的问题。很有趣，但不正是身体的略微衰退让我们对该阶段生活的看法更丰富吗？也可以说，这一阶段充满了益处！试想你是谁，你有什么身份，是什么让你成为"你"。这种自我意识与你年轻时有什么不同？这种转变总体上是向好的吗？请随意写一写自我感觉（当然，你也可以与客户一起使用这种方法）。

1. 我是谁？

2. 我在过去10年中是如何成长的？

3. 我在多大程度上想与10年前的"我"交换？

4. 我花时间将自己早期生活传奇化的频率是多少？

5. 在思考想成为什么样的人时，我与10年前的理想还差多远？

工作中的可能自我

如果工作是"我们认为自己是谁"的核心，那么从工作中获得新意义的方法之一就是测试我们是谁。这对于那些在职业变化、晋升和其他身份转变中挣扎的客户尤其重要。想想你自己，也许在未来的一年，一切都像我们所希望的那样顺利（可能不完美，但还是相当好）。你通常已经得到了想要的东西，并且按照自己喜欢的方式行事。那种生活会是什么样子？那个自己会是什么样子？你离理想化的自己还有多远？你能为更好的生活做点什么？我认为最后一个问题特别重要，因为它隐含着这样一个假设，即人们可以通过重要的方式作出改变。虽然我们都知道"年老难学艺"这句俗语，但我们也都知道这是错误的。正如吝啬鬼史克鲁奇（Scrooge）[①]晚年变得大度一样，我们都能想到那些让我们感到惊讶的人，他们作出了巨大的生活改变。80多岁的老人突然成为电脑高手，脾气暴躁的人随着时间推移变得成熟，还有人在退休后开始绘画并成为大师。人们可以作出改变，他们作出改变的方式反映了其如何看待自己。你可以在工作中利用可能的自我。虽然你有特定的职位，但在如何履行角色方面也有其灵活性。如果客户是一个轮班经理，她可能是"暴君"，是过度细致的管理者，是伙伴，也可能是个对工作不上心的人。这每一个都代表不同的管理风格，你可以用新的价值和想要的工作方式，来自由地重新定义中年的自己。

在积极评估一章中，我提到了艾米·沃泽斯涅夫斯基对人与工作关系的研究。这项关于人们如何看待工作的研究表明，一些人的动机是晋升的前景

[①] 狄更斯的小说《圣诞颂歌》中的主人公。

（晋升、加薪、增加责任），而其他人则被贡献有意义的事物这一情感所驱使。前者称为"工作取向"，后者则是"使命取向"。有趣的是，无论你是公交车司机还是公司律师，这都无关紧要，你都可以对工作持任一取向。沃泽斯涅夫斯基和同事都很好奇职业和职业之间的区别。他们发现，那些觉得自己有使命的人倾向于"工作重塑"。工作重塑意味着做些小事，作出改变，使工作更有价值。这些人仍在完成其基本工作要求，但也作出了一些小的改变，这让工作更加愉快。例如，他们会改变工作社交的数量或类型。理发师就是一个很好的例子。从技术上讲，理发师应该剪头发，理发师和客户之间的业务安排完全围绕着剪头发展开。但是，很有可能，你接触过的大多数理发师都很健谈，他们会在工作时聊天。对于理发师来说，了解客户、听故事、提供建议以及其他社交活动会让工作更有价值。

如果你在寻找工作的更多意义，并且对改变的可能性持开放态度，那么可以尝试采用"何人／何事／何时／何地"（who/what/when/where）的方法来设计工作。对于每个问题，写下你会如何作出细微改变，来让工作更具吸引力。

1. 何人　我要如何改变自己的社交活动，以使其更有价值？近来我与谁的互动最有意义？我是否有特定时间来互动？我不想和谁进行交流？

2. 何事　我喜欢哪些工作任务，不喜欢哪些？有什么方法可以增加前者、减少后者？我该如何把那些不讨人喜欢的任务变得讨人喜欢？我真正喜欢的愉快任务是什么？我怎样才能得到更多这样的任务？

3. 何时　在工作日里，我什么时候能做到最好？我早上状态最好吗？我会在下午充满精力吗？我更适合独自一人工作，还是在团队里工作？我该如何利用最佳时间来完成大部分工作，并为自己设定现实期望？

4. 何地　考虑工作空间的实际地理位置。你对通勤的感觉如何？你觉得自己办公室的建筑和装饰怎么样？你对办公桌、办公室或空间有什么感觉？你可以作出哪些改变，来让工作空间更加愉快或更好地反映你自己？

同样，从尝试可能自我的角度思考，寻找参与工作重塑的方法，并了解工作的"何人／何事／何时／何地"不是能一夜之间改变工作生活的神奇药丸。然而，这是潜在的有效策略，可以帮助人们在工作中更加投入。

死亡的幽灵

长期以来，人们普遍认为 40 岁是中年，这意味着我们每天都离出生越来越远，离死亡越来越近。每个人都知道在该年龄段恐慌的事，他们渴望再次年轻。这些人开始了危险又寻求刺激的爱好，或者开始与年龄只有自己一半的人约会。一种流行的观点是，衰老的身体迹象——那些白发、早期皱纹和多余脂肪——让我们陷入一种生存混乱。接下来的就是老年斑、髋部骨折，老实说，还有死亡。整个哲学都是围绕着人们对不可避免的自然恐惧发展起来的，所以我们不妨在这里讨论一下。中年过渡问题只是难以适应新的自我感觉吗？中年危机仅仅是与这段时期特有的困难（如为孩子的大学学费筹集资金）进行斗争吗？或者，归根结底，是对死亡的恐惧让中年的我们真正感到害怕吗？这段时间是否也是一个心理警钟，迫使我们重新审视所作出的选择、所选择的生活以及希望对世界所作出的贡献？

事实证明，有机构研究这一问题。精神病学家满怀好奇，他们喜欢想尽一切问题，包括对死亡的恐惧。这一特定研究领域有奇特的名字，听起来有点不祥，那就是"恐惧管理理论"（Terror Management Theory）。其前提是这样的：虽然没有人愿意花时间去思考，但我们都知道自己终有一天会面临死亡。有时我们会被人提醒这一事实，在这种情况下，我们会受到激励，以一种有助于实现意义的方式来思考或行动。这很有道理，不是吗？实验者在各种研究中发现，提醒自己死亡的人更有可能赞同安慰性的信念，如相信来世，以及更极端的行为，以确保自身安全。作为后者的举例，研究人员通过让受试者写出关于死亡的简短描述，来提醒受试者自己的死亡。基于这种死亡"启动"（priming），研究人员发现受试者的观点发生了变化，他们更支持变革。在这种情况下，似乎仅仅提醒人们一场充满感情的悲剧，就足以让其行动起来、解决问题。

这两位科学家更有说服力的研究，是在科罗拉多州博尔德市的一条城市人行道上进行的。他们对行人调查了对各种慈善机构以及对其重要的某些美德的看法。这里有一个问题：一些人在有一个很大标志的殡仪馆前接受了采访，而其他人则在同一条街上隔了几个街区的地方接受了采访。这两个群体之间应该没有实际区别。平均而言，他们的答案应该相似。他们只是一组随机的人，在人行道上的两个不同地点停了下来。但是，在这种情况下，在殡仪馆前接受采访的人对慈善捐赠更为积极，他们表示，仁慈和慷慨对自己更为重要，他们更会认可精神的重要性。所有这些都是因为一个微妙的死亡提醒。

将恐惧管理理论引入老龄化的概念中，就很容易看出为什么人们在被提醒死亡时会采取极端或防御性的行为。对一些人来说，太阳穴周围的白发可能只是需要向慈善机构捐款的一种刺激，这不仅是因为这种行为让其感觉良好，而且实际上这也帮助我们在心理上认识到自己可以做得好，并作出积极改变。这里防御机制在起作用，如果你想这么称呼的话，那就是我们可以因一生过得好而得到安慰。对其他人来说，同样的白发可能意味着尝试跳伞的呼唤。对这些人来说，他们的自然防御机制是直面恐惧，并向其表明，尽管自己可能有一天会死，但不会是今天。没有人喜欢随着年龄增长而出现的身体衰退，也没有人特别关注我们在世界上的时间十分有限。但是，你的应对方式是一种选择。你可以试着阻碍、忽略这样的想法（人类 99% 的时间都是这样做的，这帮助我们度过每一天）。或者，你可以将其作为机遇，来迎接挑战，迎接有价值的生活。面对衰退的健康、身体机能和有限的时间可以激励客户采取行动、规划遗产。有时，我会通过这样的讨论来展开个人生活使命宣言，或者建议客户写下可以激励每天的工作的格言。格言包括简单、有力的语句，如"开始项目永远都不会太晚""每一天都是一份礼物"和"我今天的行动如何能被记住？"这些格言都是由客户思考，并用自己的语言表达出来的。

3 种恐惧

恐惧死亡的一个有趣的方面在于，它提出了该如何定位时间的问题。传统上，人们认为有关中年过渡的问题是关注未来的结果。普遍的观点是，人们都在关注未来：健康状况下降、行动变得迟缓，并最终迎来死亡。然而，进一步的反思会告诉你，对中年的恐惧并不一定是对未来的恐惧。还有 3 种常见的恐惧，但它们都不是着眼于未来的。

---

3 种常见的恐惧

- 对失去更美好的过去的恐惧：过去是美好的，但随着年龄增长，生命也在缩短。曾经生机勃勃的我们现在行动迟缓。

- 对过去错误生活的恐惧：担心一系列的错误会定义我们、定义我们留下的遗产，而这是不可逆转的。

- 对接受现实的恐惧：接受自身局限、错误和改变需要勇气。

第一种恐惧与过去有关。我将其称为"对失去过去的恐惧"，我指的是对失去我们曾经的样子的恐惧。如果我们曾经积极向上，充满活力、希望和乐趣，那么有时从中年的镜子中看到已经发生的变化对我们来说是很艰难的。没有人会感受到乐趣，他们的活力已经消失殆尽。变老所带来的令人担忧的主要方面在于，我们不想失去那些美好的年轻品质。人们会有一种倾向，就是拼命抓住任何机会，抓住自己心血来潮、精力充沛，或者可以与年轻人联系在一起的任何其他特征。记住这样一个事实可能会有所帮助：你可能没有失去很多品质。你生活表面的样子可能已经改变，你可能不会再出去看现场音乐会，或者和朋友一起喝酒到凌晨两点，但还可能保留了许多相同的核

心特征。如果你在 20 岁时是个有趣的人，那么你在 45 岁时很可能依然如此，尽管这种特质的表现方式可能已经发生了变化。花点时间把年轻时喜欢的东西分类，看看你还有多少这样的品质。尽量不要关注表面的细节，比如你什么时候上床睡觉或者你是否喜欢辛辣食物。相反，想想这些核心特征——你的才能、优势、技能和美德。在所有可能的情况下，你与过去的那个人，要比你自己想象中的更相似。

第二种恐惧也与关注过去有关。我将其称为"对过去错误生活的恐惧"。这种特别的担忧在很多方面表现得很糟糕。我们许多人会对错误的决定或错失的机会怀有遗憾。其他人认为我们错失了自己的潜力。如果我们十几岁和二十几岁的时候充满了希望、梦想和潜力，那么三十几岁、四十几岁、六十几岁甚至更年长的时候就必须努力实现这些希望和潜力。如果你想在 25 岁的时候写一本小说，这时你很可能有足够的时间，但在 40 岁的时候，却可能不得不面对这样一个事实，即梦想在生活中搁置了太久。如果在 19 岁的时候，你想嫁给合适的人并建立充满爱的家庭，那么在 39 岁时，你可能不得不面对 5 年前离婚的事实。过去的错误和错失的机会对每个人都是沉重的负担，当我们步入中年时，这会再次成为人们关注的焦点。再重申一次，如何处理过去的事，这在很大程度上是个选择问题。我们可以沉湎于自己的错误，为糟糕的决定而痛打自己，为没有写完梦想的小说而哀叹，或者我们可以学习并继续前进。失败、失望和错误，是变得成熟、智慧，并最终能够过上高效生活的必要组成部分。没有人是完美的，对我们每个人来说，考验、麻烦和失败都是生命中的重要篇章，充满了意义和收获。有些人害怕自己因为作出了错误的选择而有错误的生活，而中年时期是吸取这些教训并开始正确生活的理想阶段。有些人害怕自己生活在过去的错误中，他们从未实现过自己的梦想，或者多年来都将自己真正的激情搁置一边，而中年时期则是其实现这些梦想的绝佳机会。中年的标志性特征之一是紧迫感，你可以利用这种紧迫感来实现自己的梦想：用这种紧迫感激励自己去做慈善、去写小说，或者去度假！

第三种恐惧与关注当下有关。我将其称为"对接受现实的恐惧"。我指的是人们在接受自己的局限性时感受到的焦虑，以及在形成诚实、准确的自我评价时所遇到的困难。即使聪明、有才华的人也会犯错误，但这很难承认。接受挫折和失败有助于对其加以克服，特别是在这可以用来学习重要人生经验教训的时候。但消极实际上只是问题的一半。许多人也难以接受积极的礼物。例如，我曾与几位客户合作，他们的焦虑是由工作晋升引起的。他们被赋予的自由和责任直接给他们带来了压力，这往往会产生"冒名顶替综合征"（Imposter Syndrome）的感觉。接受一个人处理责任的能力可能与接受个人局限一样有挑战性。作为教练，你可以通过使用诚实的反馈、支持、承认和重构，来促进自我接纳的过程。

客户与三大恐惧

● 对失去过去的恐惧：仔细聆听那些似乎将过去浪漫化的故事和语言。衡量一下"最好的生活已经过去"这一感觉的动机后果。尝试将重点转移到成长、进步和潜力上。

● 对过去错误生活的恐惧：倾听客户陷入过去错误的迹象，这些会阻碍人们承担适当风险，并助长可能影响表现的自我批评态度。在某些情况下，解决方法可能是要作出解释，但在许多情况下，承认这一点，即对成长来说错误不可避免且尤为重要，这可能会有所帮助。

● 对接受现实的恐惧：人们天生趋于相信自己有能力掌控结果。因此，他们有时很难应对挫折或成功。帮助其理解挫折和成功是生活的一部分，而非全部，这可用于引导他们度过这些时期。

本章在许多方面与其他章节截然不同。我选择讨论了影响所有人的更哲学、更心理学的话题，而非提出一个广泛的话题，如快乐或优势，并讨论与其应用相关的研究和教练活动。我认识到，无论是在风格上还是内容上，本章都与其他章节有着不同的基调，但对此我并不感到抱歉。无论你的客户是企业家、高管还是非营利组织的经理，他们都可能会与本章提出的一些问题进行过斗争。在我自己的教练实践中，我发现这些基本问题一再出现，即使这并非教练议程的主旨。我希望能阐明其中一些问题，并提供研究的简要概述和干预建议，希望这些对你的客户一样有帮助。

POSITIVE PSYCHOLOGY COACHING

第八章　现在和未来：积极心理教练的实践

　　到目前为止，我已经讨论了积极心理教练评估的工具、潜在研究、问题和可能适用于客户的活动。但积极心理教练也是一种具有专业性的努力，而不仅仅是个工具箱。这就意味着，正如我在第一章提到的，积极心理教练的实践需要从伦理、资质认证、继续教育、建立客户期望和测量满意度等方面进行讨论。在最后一章中，我想从教练技术的具体细节中转移出来，并将重点扩展到具备专业能力的教练。

　　如果你像我一样，是私人或团体教练机构的所有者，你可能会从潜在客户那里收到无数种问题，比如"什么是教练？""教练与治疗有何不同？"还有"教练有用吗？"我收到的最常见的问题之一与积极心理教练有关。通常，我会遇到一些人，他们一直在像购物一样寻找教练，当他们来到我的门口时，会想知道同样的事情："积极心理教练看起来与其他类型的教练有何不同？"这个问题很好，我很高兴收到这样的提问。在某种程度上，我喜欢听到这个问题，因为这迫使我清楚地说出答案。我相信，客户是相当复杂的，像"积极心理学基于科学"或"积极心理教练关注积极方面"这样的蹩脚回答，并不适用于有眼光的公众。他们想要了解更多，坦率地说，他们应该得到更好的回答。

　　积极心理教练在很多方面与其他形式的教练类似。两者是共同创建的关系，都假设客户功能强大且足智多谋，都是需要注意合同、费用和道德行为的职业关系，并且两者都大量地从同一工具箱中拿取工具，这包括提出开放式问题，使用承认、请求许可、支持、跟踪客户活力、重构和创建问责结构等方法。我认为这些工具是所有良好教练实践（包括积极心理教练实践）的基本组成部分，如果能巧妙应用，会收获令人惊讶的效果。事实上，我对传统教练的艺术性和有效性十分着迷，以至于我并未声称过积极心理教练要优于其他形式的教练。我不是在与其他教练竞争，对自己方法的正确性没有私心，也没有受到其他形式教练的巧妙干预的威胁。

积极心理教练实践也具有独特的特点。根据其定义，这些教练实践深深植根于（或应该植根于）积极心理学科学。这意味着教练的知识基础是动态的，教练需要成为研究的积极追踪者，以不断更新其干预措施和方法。你可能已经注意到，即使是作为该领域的开创者之一，我也拒绝开发积极心理教练模型。虽然我相信模型是沟通复杂想法的有用便捷工具，但它们也有一些缺点。例如，人们很容易相信模型本身就是事实。这使得更新模型、修正模型、摒弃模型以及修改模型以便与其他模型匹配变得十分困难。因为我们还处于职业生涯的早期阶段，积极心理学家还没有准备好开发全面的模型来描述繁荣是如何发生的、变化是如何起效的，以及优势与劣势之间的关系。当然，我们对这些事情有很多了解。就像古代天文学家虽然对恒星有很多了解，但并不了解重力、相对论或黑洞理论一样。同样，我认为积极心理教练最好是有以下基本原则，而非其内部运作的复杂功能模型。

1.人类天生具有成长、改变和克服的动力。

2. 与专注劣势相比，专注优势以获得成功会有一样强大或者更加强大的作用。

3. 积极性，无论是情绪积极还是希望积极，都是促进变革和取得成功的强大资源。

4. 必须同时注意生活中积极和消极的方面，以全面了解客户。

5. 科学得出的知识和评估，为我们提供了了解客户和教练的独特方式。

积极心理教练不同于其他形式的教练，其微妙之处在于对优势的关注。毫无疑问，所有取向经验丰富的教练都专注于个人优势、人才和其他成功来源。但积极心理学提供了一种具体而复杂的方法，包括经验验证评估、与优势利用的来源和益处相关的理论，以及识别、开发和利用优势的策略和语言。所以对于询问积极心理教练独特特征的潜在客户，这是我首先开始介绍的内容之一。我会说："如果你我一起进行教练，或者有人使用我的方法，你可以期待采用正式的优势评估以及优势利用、发展的主题来展开对话。"积极心理教练的另一显著特点是关注积极情感。可以肯定的是，许多教练都会跟踪客户的精力，尽量让会谈轻松，并认识到良好的情绪有助于进步。积极心理学同样如此，但有科学依据。研究人员对积极情绪的具体受益类型、局限以及其与目标、动机的复杂关系有所了解。这些微妙的话题会在适当的时间、地点出现在积极心理教练会谈中。归根结底，积极心理教练是一套基于经验知识体系的工具和技能，既可以构成自己独特的教练品牌，也可用以辅助现有实践。

如何谈论积极心理教练实践

在互联网上简单浏览一下，你就会发现有很多人挂着招牌，宣称自己是积极心理教练。该群体所代表的培训和质量范围广泛，这一点不应令人惊讶。其中一些人通过课程获取了证书；一些人虽有博士学位，却没有经过教练培训；还有一些人是经过认证的教练。有见地的客户能提出有关教练资质的巧妙问题，包括：

1. 你练习多久了？

2. 你受过什么类型的教练培训？

3. 你受过什么类型的积极心理学培训？

4. 你使用什么类型的评估？

但积极心理教练应该同样准备好阐明其服务的具体性质。每次与客户进行介绍性会谈时，我都会概述教练和治疗、教练和积极心理教练之间的区别，以及他们可以从我的教练中获得什么。具体而言，我将积极心理学作为一种工具，而非结果。有些人宣传"幸福感教练"（happiness coaches），向客户暗示（或明示）对幸福感的承诺。我对这种方法有些怀疑。虽然我不会说这些人是骗子，但我确实发现，广告中的幸福感承诺存在问题，原因有如下 3 点。第一，人们至少有一部分幸福感是来自内心的。无论是基因决定的还是一种心理状态，幸福感的促进程度都是有限的。第二，幸福感不是可以持续提供的。人们适应环境，偶尔会感到沮丧、失落、愤怒或悲伤，我相信自己应该感受到这些情绪，它们是功能性的，而不朽幸福的承诺往好里说是并不现实的，往坏里说就是不负责任的。第三，在我看来，承诺性的幸福感给教练带来了有趣的道德暗示。只需考虑以下这两个教练实践的例子，其中例 1来自国际教练联盟（ICF）道德准则。

1. 我不会就自己作为教练提供的服务发表任何不真实或误导性的公开声明，或在任何与教练职业、资质、ICF 相关的书面文件中作出虚假声明。

在幸福感教练的背景下，道德教练所能做的最好的事情就是承诺致力于快乐，在其专业知识范围内帮助客户进行幸福感研究教育，或者使用能暂时振奋情绪的技术。有趣的是，这与几乎所有其他形式的教练没有什么不同，最后总是有更加热情、有进步、更乐观、有满足感以及其他与幸福相关的结果。同样，幸福感教练的理念对普遍接受的实践标准有着有趣的影响，如共创式教练先驱劳拉·惠特沃思及其同事所概述的标准。

2. 议程来自客户。

教练为评估关系的成功提供最终框架的这一想法——从幸福感中获得回报——可能会让客户感到不安，其议程可能包括赚钱、获得晋升、录制专辑或每周锻炼 3 次。我想，有人可能会认为，聘请这些教练的客户知道他们正在从事什么，甚至可能希望把增加幸福感作为其首要目标。即便如此，这也缺乏细微差别。这就像是健身房里的私人教练，承诺让人变得健康，或者让他们身材变好。我相信我们能够负责任地提供支持、鼓励和问责，我们甚至可以合理地承诺取得进展，但无法确保最终结果。

再回到积极心理学是工具而非结果这一观点，我相信，谈论积极心理教练最为负责的方式就是讨论这些术语。告诉潜在客户，你将与其一同处理所选择的传统问题：技能建设、工作与生活平衡、培养意义感、完成项目，这是诚实构建服务的重要组成部分。除此之外，你还可以合理补充一个观点，即希望通过积极心理学的工具和干预来解决这些问题。例如，我经常告诉客户："你选择谈论什么和做什么，这完全取决于你。我在这里是为了支持你到达自己想去的地方。我的教练方法的不同之处在于，我会大量利用科学研究，以表明自己对人性、情感、动机和其他可能无关于我们合作的问题的思考。此外，我有时会提到优势或幸福感都是积极心理学主题，可作为促进前进动力的手段。让你幸福并非我的使命。相反，我的工作是帮助你解决所关心的问题，幸福可能是我们取得进步的自然而然的结果。"

资质认证

在最后的短暂时间里，我又回到积极心理教练资质认证这一问题上来。我相信，对于积极心理学和教练来说，获得积极心理教练资质认证是最为有利的。在某种程度上，ICF 认证保护了客户并建立了实践标准。但不幸的是，ICF 标准既没有得到普遍承认，也没有受到采纳。我并非想当然地认为，积极心理教练资质认证会更好。然而，我确实觉得，标准化的积极心理教练资质认证会为那些倾向于选择职业生涯长期教练的客户提供额外保护。

积极心理教练认证，必须满足教练能力和积极心理学能力的双重基准。

例如，有可能 ICF 认证的教练对积极心理学几乎一无所知，或者是拥有应用积极心理学硕士学位的毕业生并未受到专门的教练培训。因此，我对积极心理教练资质认证的建议如下：

1. 组合方法（portfolio approach）　正如 ICF 接受给受过多个项目培训的人员提供认证一样，我认为积极心理教练资质认证必须在其初步阶段就接受专业人员没有经过统一计划的培训。因此，认证候选人需要提供以下证据：他们已经接受了足够的教练培训，如认可培训机构的证书或学位。此外，他们还必须提供证据，以证明接受过积极心理学的专门培训，如宾夕法尼亚大学、东伦敦大学、应用积极心理学中心或其他知名机构的证书或学位。

2. 一体化训练（all-in-one training）　随着积极心理学和教练的更好融合，以及各机构更好地提供积极心理学的基本教练技能和专业知识，单一学习机构的证书应足以证明资质。

但问题仍然存在：谁来监督、监管这一资质认证过程？认证申请该提交给谁，谁将签发这些证书？答案自然是，促进这类政策的最佳实体已经存在。那就是形成教练管理结构的专业机构。候选机构自然是国际教练联盟，但这并非唯一的权威世界教练机构。英国心理学会教练组织（the Special Group on Coaching of the British Psychological Society）是另一个可能的候选机构。大学可以作为第三种形式的认证机构，因其已经是现有认证的一部分。最后，应召集一流专家小组讨论这些问题。在资质认证取得进展之前，积极心理教练仍将是个"买者自负"的市场。

如何准备积极心理教练会谈

积极心理教练另一个有趣的方面仍然有待讨论：教练如何实际着手准备和开展会谈。所有教练都有自己喜欢的练习和仪式可用于指导会谈。有些人会回顾前一周的笔记，有些人会花几分钟时间来冥想并解决自己的担忧和问题，还有些人几乎不用准备就可以开始了。积极心理教练是药物对医生也有好处的一个例子。正如我们鼓励客户评估其优势、留心、促进希望和增加快乐一样，这些策略也可以帮助我们准备、参与客户会谈。例如，每次会谈之前，我都会花几分钟来回顾客户的优势。这有助于我重新认识其个人心理资源。这也帮助我提醒自己，我喜欢自己的客户，并对其特别青睐。正如一个人可以通过阅读使命宣言来提醒自己工作背后的意义一样，我也可以看一看优势列表，来记住是什么让自己对与这个人合作感到如此激动。如果发现客户有易于识别的优势，我会感到非常振奋。我建议你也花几分钟时间为即将到来的会谈作好心理准备，以便将注意力集中在即将到来的工作上，并让其专注于积极的方面。

以我的朋友、同事桑妮·科泰卡（Sunny Kotecha）为例。和大多数教练一样，桑妮在每次会谈前都会花几分钟翻阅客户笔记。这帮她回忆起之前谈话的具体细节，更重要的是，这提醒她可能需要跟进的行动要点。这是相当标准的程序，但一旦开始，桑妮就会很快进入积极心理学领域。她最近告诉我："我每次会谈都以过去一周的积极亮点开始，并在此之后进行两分钟的反思，以厘清、整合客户对本次会谈的期望。"即使是没有明确面向积极心理学的教练，也可能进行类似的活动，但我认为值得注意的是，从根本上说，这是一件积极的事情，特别是具有积极的心理后果。桑妮还准备通过让客户四处走动、玩乐高玩具或橡皮泥来打破客户的消极状态。再次说明一下，这是一个旨在促进积极性的新颖、幽默又有趣的干预例子。

桑妮的例子说明了积极心理教练中的一个更大的问题：创造积极性的结构。如果作为教练，能够为教练会谈设计积极的架构，你就能更好地促进积极情绪，并利用幸福感带来的诸多好处。以下是你可能考虑的活动类型的不完整列表。请注意，这些不仅仅是目前要尝试的干预措施，还需要提前规划、准备，有时也需要与客户进行提前讨论。

1. 准备一些小礼物送给客户。

2. 记录客户的成功、优势和学习时刻。更重要的是，将其保存为要点格式，以便在需要时可以轻松分享。

3. 创造可以接纳幽默和愚蠢的文化。虽然我可以非常认真、严肃地对待客户，但他们也知道，当情况需要时，他们可能会期望我偶尔开玩笑和做点傻事。

4. 休息一下。许多人认为，教练电话或面对面会谈必须不间断，因为这是我们所有职业关系的结构。如果你在会谈中设计了一个10分钟的中间休息，会发生什么？会破坏前进势头吗？你该如何最好地利用休息时间？

未来

最后，我相信积极心理教练的未来是光明的。积极心理学领域本身也在不断发展。对该领域感兴趣的会议、出版物、学习项目和人群比以往任何时候都要多。这种势头显然正在上升，这对积极心理教练来说是个好兆头。这意味着将有更多的研究和理论知识可用于干预和评估，意味着将有更多的大众媒体文章让你的实践更具吸引力，意味着将有越来越多的潜在客户会转向该领域以寻求答案，并最终接受教练服务。此外，教练本身也在提升。专业化提升正在帮助人们认真将教练视为有效的帮助职业。事实上，甚至越来越多的教练也服务于集体利益，加入我们行列的人并非专业竞争对手，而是营销人员。他们会对我们的服务作出解释，并向更多的人提供教练承诺，而这些不是我们任何人能单独提供的。

尽管如此，我们还未完全到达终点。积极心理教练，就像它所基于的科学一样，是动态、不断发展的有机体。随着时间的推移，我们的知识、干预、市场营销和服务都将不断完善。我和同事本·迪恩写了一本介绍该领域的书《积极心理教练：利用幸福科学来为你的客户服务》。正如我在第一章提到的，这本书主要是概述积极心理学这个令人兴奋的新领域。它介绍了最新发现，为教练提供了初步建议，并讨论了一些关于专业服务和职业道德的问题。这些年来，我们已经走了很长的路。我希望你会赞同，本书包含更广泛、更现代的研究、理论和评估。更重要的是，我主动就教练如何有效使用这些知识和工具提出了建议。我们将积极心理学应用于教练的能力显著增长。尽管取得了这些成就，我们未来仍需更加努力。我希望能够报告在资质认证、积极技术方面的创新应用、令人激动的新研究以及积极心理学其他方面所取得的进展。幸运的是，我们无须等待就能享受进步的成果。这本书里包含了很多内容，你可以在今天、现在，就在自己的生活和教练实践中加以运用。你会率先检验、尝试一套强大的新工具、新知识，就在你为更光明的职业未来而奋斗之时。

阅读目标

完成本书后，我已能够实现以下目标：

	是	否
阐明积极心理教练和临床心理学相互影响的方式	是	否
定义优势和幸福感	是	否
明确希望理论的组成部分，并将其应用于客户的具体情境	是	否
识别和使用积极心理学评估	是	否
解释积极诊断的概念	是	否
利用优势的标志性特征并发现客户优势	是	否

POSITIVE
PSYCHOLOGY
COACHING

参与者姓名：_____

职业与职位：_____

1. 以下哪项是"优势"的最佳定义?

a. 在时间和环境中相对固定的性格特征。

b. 是作为文化和个人经验的产物的个人价值。

c. 一种预先存在的能力，能够激励人，并在利用其时带来成功。

d. 通过努力工作和实践培养出来的天赋。

2. 以下哪项是对幸福感研究的最佳描述?

a. 人们发现，幸福感对健康和人际关系有着广泛益处。

b. 因为幸福是主观的，所以无法进行有效研究。

c. 人们发现，幸福与自私、不信任和破坏性的享乐行为有关。

d. 人们发现，幸福感存在于西方文化中，如美国；但不存在于东方文化中，如日本。

3. "希望理论"的两部分是什么?

a. 创意生成和创意实施。

b. 积极性和"玫色眼镜"现象。

c. 代理思维和路径思维。

d. 品味和乐观。

4. 以下哪项是本书中提出的"积极诊断"系统的显著特征?

a. 它综合了正面和负面信息。

b. 它测量一个人的优势。

c. 它是多轴的,利用了多源信息。

d. 它比传统的"医学模式"系统更有效。

5. 以下哪项是"积极心理教练"的最佳定义?

a. 关注功能的积极方面而忽略消极方面的教练。

b. 由积极心理学研究和评估科学提供指导的教练。

c. 由经过认证的积极心理学家进行的教练。

d. 所有的教练都是积极心理教练。

6. 以下哪项最为准确地描述了针对中年问题的教练?

a. 传统上，中年被视为生存危机的时期，但事实上，中年人有很多比年轻人更富有、更受尊重、更强大的优势。

b. 因为健康问题与年龄增长有关，所以中年是个危机时期。只有首先解决健康问题，从业者才能有效处理心理和社会问题。

c. 对许多人来说，中年是个危机时期。处理这一过渡阶段最有效的方法是教给人们韧性策略，如"接受生活的命运"。

d. 中年是前所未有的机遇期，错过这一事实的人可能会缺乏准确的自我认识。

7. 以下哪项正确地描述了积极评估？

a. 积极评估不起作用，因为"巴纳姆效应"，即人们可能会同意奉承的反馈，而不管其准确性如何。

b. 积极评估不起作用，因为这只描述了人类状况的一半，忽略了重要问题。

c. 积极评估利用经过验证的测量来衡量心理健康和心理繁荣。

d. 积极评估通过将个人自我评估与经过验证的测量相结合而起作用。

8. 以下哪项最能描述积极心理教练的现状？

a. 积极心理教练是一种成功的商业模式，因为积极的反馈和鼓励对潜在客户具有吸引力。

b. 积极心理教练没有得到很好的规范，作者提倡更好的培训和实践标准。

c. 积极心理教练规范良好，作者赞扬领域内主要的认证机构。

d. 积极心理教练与焦点解决治疗难以区分。

9. 以下哪项最能描述"最佳幸福感"的概念？

a. 因其是主观定义的，所以每个人都是幸福感的自我判断者。

b. 因为幸福感与健康益处有着广泛联系，所以没有"太过幸福"这回事。

c. 因为幸福感会让人专注于自我，所以人们应该避免"太过幸福"，因为这样他们就有更少的可能去帮助他人。

d. 研究表明，在以成就为导向的领域，如工作和学校表现，那些得分为 8 分的人往往比得分为 9 分或 10 分的人表现更好。

10. 以下哪项不是客户优势的标志？

a. 隐喻使用增多。

b. 表达更为流畅。

c. 行动之前多加考虑。

d. 手势更生动。

请扫描下方二维码，获取本书参考文献及术语表资源。

内 容 提 要

本书是积极心理学与教练实践融合的全新实践，介绍了一系列实用的评估工具、互动活动及干预策略，为一线积极心理教练提供了丰富的工具。帮助客户了解自己的自尊、乐观、幸福感、个人优势、动机、创造力等方面的潜力，从而有效推进教练对话。本书还适用于生活变动期的心理健康指导，包括裁员、领导层变动、大学毕业、中年危机与退休等。

图书在版编目（CIP）数据

积极心理教练：评估、活动与策略 /（美）罗伯特·比斯瓦斯－迪纳（Robert Biswas-Diener）著；张宇译. -- 北京：中国纺织出版社有限公司，2023.9

（积极心理干预书系）

书名原文：Practicing Positive Psychology Coaching：Assessment，Activities，and Strategies for Success

ISBN 978-7-5229-0225-8

Ⅰ.①积… Ⅱ.①罗… ②张… Ⅲ.①普通心理学－通俗读物 Ⅳ.①B84-49

中国版本图书馆CIP 数据核字（2022）第254518 号

责任编辑：关雪菁 朱安润 责任校对：高 涵
责任印制：王艳丽

中国纺织出版社有限公司出版发行
地址：北京市朝阳区百子湾东里 A407 号楼 邮政编码：100124
销售电话：010—67004422 传真：010—87155801
http://www.c-textilep.com
中国纺织出版社天猫旗舰店
官方微博 http://weibo.com/2119887771
北京华联印刷有限公司印刷 各地新华书店经销
2023 年 9 月第 1 版第 1 次印刷
开本：710×1000 1/16 印张：16.5
字数：210 千字 定价：79.80 元

北京市版权局著作权合同登记号：图字 01-2023-0128